电力气象系列丛书

河北电力气象服务技术及应用

主　编◎曲晓黎　王　洁　李　崴

副主编◎赵增保　尤　琦　杨琳晗

张金满　武辉芹

气象出版社

China Meteorological Press

内容简介

本书聚焦能源电力气象服务领域，综合多种资料，深入研究新能源发电、传统能源用电负荷以及电网运行相关的多项预测技术与灾害风险区划技术等问题，旨在应对气象灾害对电网安全运行的显著影响，满足新型电力系统建设各环节与细分领域对气象服务数字化、精细化、专业化的综合保障需求。

本书内容丰富、专业性强，可作为能源电力气象服务业务人员的参考书，对提升气象服务在能源电力领域的应用水平、保障电网安全稳定运行具有重要意义。

图书在版编目（CIP）数据

河北电力气象服务技术及应用 / 曲晓黎，王洁，李崴主编 ； 赵增保等副主编. -- 北京 ： 气象出版社，2024. 11. -- ISBN 978-7-5029-8331-4

Ⅰ. TM7；P451

中国国家版本馆 CIP 数据核字第 202413EC39 号

河北电力气象服务技术及应用

Hebei Dianli Qixiang Fuwu Jishu ji Yingyong

出版发行：气象出版社

地　　址：北京市海淀区中关村南大街 46 号　**邮政编码**：100081

电　　话：010-68407112(总编室)　010-68408042(发行部)

网　　址：http://www.qxcbs.com　**E-mail**：qxcbs@cma.gov.cn

责任编辑：黄海燕　**终　　审**：张　斌

责任校对：张硕杰　**责任技编**：赵相宁

封面设计：楠竹文化

印　　刷：北京建宏印刷有限公司

开　　本：787 mm×1092 mm　1/16　**印　　张**：6.75

字　　数：174 千字

版　　次：2024 年 11 月第 1 版　**印　　次**：2024 年 11 月第 1 次印刷

定　　价：45.00 元

编委会

前　言

随着全球气候变暖，极端天气事件多发频发，气象灾害对电网安全运行的影响愈加明显。导线覆冰、舞动、雷击等灾害严重威胁电网设施安全，同时夏季高温、冬季采暖季低温及阴雨雪等天气对用电调度常造成紧张局面。尤其是随着新型电力系统的加快建设，发电、输电、变电、配电、用电等环节，以及调控、设备、安监、新能源等细分领域，都对气象服务提出数字化、精细化、专业化的综合气象服务保障需求。

多年来，河北省气象部门与电力部门深化合作，双方在电力气象观测站网建设、联合研发气象服务产品、搭建电力气象服务系统等方面取得了成效。河北省气象部门根据省内电网运行检修需求，提供精细到杆塔、变电站等关键设施的千米级气象监测预报预警产品，高影响天气及其衍生的导线覆冰、舞动、风偏等20余种客观预报产品，风光数值预报产品以及辐照度、风速网格实况产品；面向电网调度部门提供用电负荷调度所需的从实况监测到年度定量预测的多时间尺度数据产品；在重大天气过程和重大保电活动时，气象分析师补充辅助客观化数据产品进驻电力公司开展现场保障服务。

围绕电力气象服务需求，将风光新能源精细化预报及订正技术、功率预测技术、火力发电用电负荷预测技术，以及导线覆冰、大风灾害预报预警技术和电网气象灾害风险评估技术等结合起来，形成较为完整的电力气象服务技术，是本书的一个特色。

本书共6章，第1章“能源电力现状及气象服务情况”由张金满、李崴编写；第2章“新能源气象服务技术”由赵增保、张金满、曲晓黎、李崴、武辉芹、周爽、刘瑜珊编写；第3章“火力发电用电负荷气象预测技术”由曲晓黎、王洁、李崴、张彦恒、高泽田编写；第4章“导线覆冰预报预警技术”由尤琦、曲晓黎、编写；第5章“大风灾害预报预警技术”由曲晓黎、贾小卫、赵增保、尤琦、周朔、刘浩编写；第6章“其他致灾天气特征分析及风险评价”由王洁、杨琳晗、武辉芹、李文晴编写。

本书在编写过程中，得到了多位专家、学者以及领导、同事的帮助与指导，在此向他们表示衷心的感谢！感谢气象出版社黄海燕编辑的大力支持与帮助！另外，本书的出版得到了河北省重点研发计划项目“导线覆冰和风偏气象灾害精准预警技术研究”的资助。

由于编者水平有限，书中难免有不妥之处，希望读者批评指正，以便今后改进提高。

作者

2024年9月30日

前言

目　录

第 1 章　能源电力现状及气象服务情况

1.1　风光新能源装机现状

据国家能源局发布的 2023 年全国电力工业统计数据显示，截至 2023 年年底，全国累计发电装机容量约 29.2 亿 kW，同比增长 13.9%。其中，太阳能发电装机容量约 6.1 亿 kW，占全部装机容量的 20.9%，同比增长 55.2%；风电装机容量约 4.4 亿 kW，占全部装机容量的 15.1%，同比增长 20.7%；水电约 4.2 亿 kW（含抽水蓄能 5094 万 kW），占全部装机容量的 14.4%，同比增长 1.8%；核电约 5691 万 kW，占全部装机容量的 1.9%，同比增长 2.4%；火电约 13.9 亿 kW（含煤电 11.6 亿 kW、气电 1.3 亿 kW），占全部装机容量的 47.6%，同比增长 4.1%（图 1.1）。

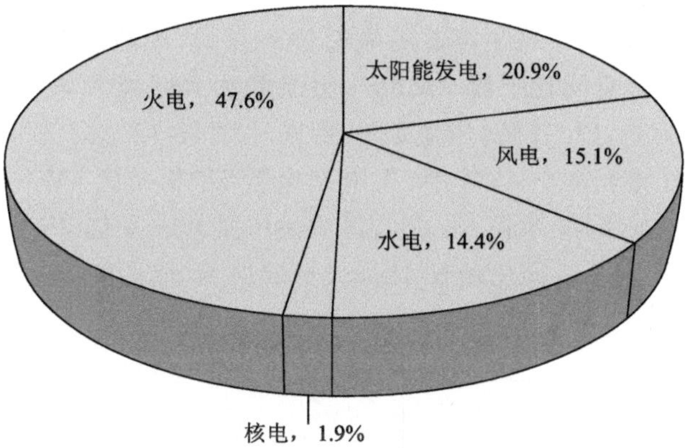

图 1.1　2023 年全国电力装机结构占比（饼图数据加和不为 1 由四舍五入造成，下同）

河北省地处 113°27′—119°50′E，36°05′—42°40′N，地形地貌复杂多样，高原、山地、丘陵、盆地、平原等种类齐全，有坝上高原、燕山和太行山山地、河北平原三大主要地貌单元。坝上高原平均海拔 1200～1500 m，占全省总面积的 8.5%；燕山和太行山山地，其中包括丘陵和盆地，海拔多在 2000 m 以下，占全省总面积的 48.1%；河北平原是华北大平原的一部分，海拔多在 50 m 以下，占全省总面积的 43.4%。河北风能太阳能资源充足，全省年太阳总辐射量为 4974～5966 MJ/m^2，北部高原、燕山山脉中高山区、太行山西部较高山地、沿海地带以及东南部平原 50 m、70 m、100 m 高度风速较大，年平均风速在 5.5 m/s 以上，具有良好的风能太阳能产业发展条件。截至 2023 年年底，河北省累计发电装机容量约 14665.84 万 kW，其中，太阳能发电装机容量约 5416.44 万 kW，位居全国第二；风电装机容量约 3140.88 万 kW，位居全国第三。2023 年河北省电力装机结构占比见图 1.2。

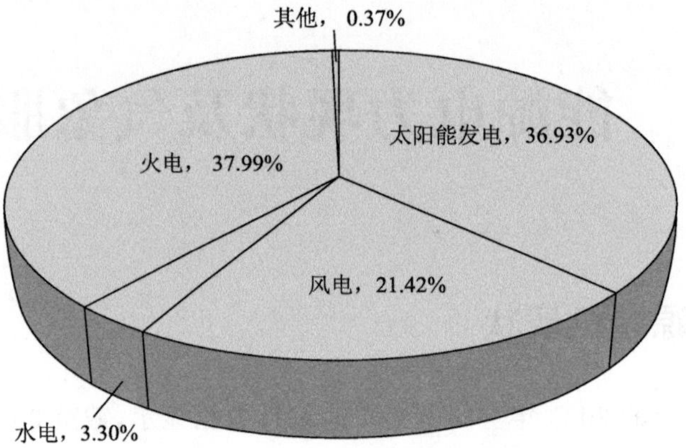

图 1.2　2023 年河北省电力装机结构占比

1.2　发电现状

据国家统计局数据，2023 年，全国规模以上工业发电量达到 89090.9 亿 kW·h，同比增长 5.17%。其中，火力发电占全国发电量的 69.95%，产出高达 62318 亿 kW·h，同比增长 6.10%，继续稳坐主力位置。可再生能源的崛起势头强劲，逐渐改变能源格局，尽管水力发电量受枯水期时间较长的影响同比下降 5.58%，但风能和太阳能发电量却实现双位数的增长，太阳能发电量同比增幅达 17.17%，风电发电量同比增长 12.26%。河北省 2023 年发电量 3736.1 亿 kW·h，同比增长 6.7%；其中，火电发电量 2850.5 亿 kW·h，同比增长 4.9%；水力发电量 48.2 亿 kW·h，同比增长 94.6%；风力发电量 605.4 亿 kW·h，同比增长 8%；太阳能发电量 232.0507 亿 kW·h，同比增长 15.9%。2023 年河北省发电量结构占比见图 1.3。

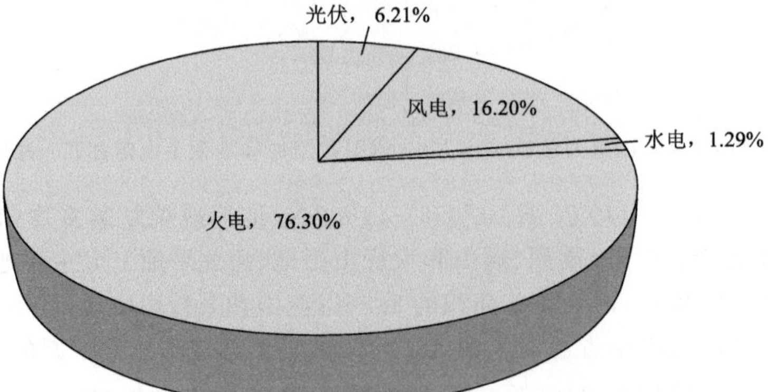

图 1.3　2023 年河北省发电量结构占比

1.3　能源电力气象服务现状

河北省环绕京津，承担着服务京津冀协同发展、保障首都供电安全、助力能源结构转型的重要职责。电网安全运营和用电负荷科学调度为气象服务提出更高要求。经过20多年的发展，通过业务科研项目建设以及与电网相关部门联合开展科技项目合作等方式，不断研发和引进新气象服务技术和新气象服务产品，河北省能源电力气象监测预报预警服务能力和服务效益显著提升。

在服务内容上，河北省气象局基本上建立了覆盖源、网、荷的短时临近至月季年全时间尺度无缝隙的一体化能源气象服务产品体系，为能源生产、供给、消费和安全提供全链条高质量气象服务。面向发电，提供未来10 d、时间分辨率15 min、水平空间分辨率3 km、10～150 m高度层逐10 m的风速、风向、太阳辐射、气温、降水、相对湿度等精细化数值预报产品和功率预测服务、灾害性天气预警服务。面向电力调度提供负荷预测、风光资源预测等精细化气象服务和高温、强降水等高影响天气的预报预警服务。面向运行检修和应急保障，提供了基于电力杆塔、输变电设施的10分钟级气象信息监测告警，暴雨、大风、雷电等气象灾害和风偏、舞动、覆冰、地质灾害等气象衍生、次生灾害的精准预警服务。此外，建立了定期会商、实时沟通和服务反馈机制，在重大天气过程、重大活动保障时开展气象专家驻场服务，现场联合研判恶劣天气发展趋势，跟踪解读最新气象监测、预报和预警等信息。

在服务方式上，主要包括网站（气象服务系统）、微信公众号、微信群、安全文件传输协议（SFTP）以及应用程序编程接口（API）数据接口等。与电网公司联合开发了电力气象精准预报预警系统、河北省多源融合可视化电力气象服务平台，同时开发了配套的电力气象微信公众号，主要功能包括气象预警、气象预报、气象灾害监测、气象实况查询和统计、指数预报、风险预估、资源数据、专题报告、气象科普等，实现了电力运行生产与气象信息深度融合，全方位保障各部门生产、人员和施工安全，最大限度减轻恶劣天气造成的不利影响和经济损失。

在科研合作上，自2017年以来，河北省气象局承担“国网冀北电科院中小尺度气象预警研究服务”“极端转折性天气过程下新能源供电能力预测与协同优化调度技术研究（超短期预测研究）”等多项电网横向课题；联合申报并获批省科技厅项目“电力微气象灾害监测与预报预警技术及体系建设研究”“导线覆冰和风偏气象灾害精准预警技术研究”等。

第2章　新能源气象服务技术

2.1　风力发电气象预报服务技术

风能作为一种可再生能源，具有环保性、全天候、可再生等特点，风力发电设备同时具有寿命长、运营成本低等优势。但风的波动性较强，导致风力发电并网给电网系统带来更大的不确定性。因此，发展风力预报技术、提升风电场风速的预测精度，对大幅提高可再生能源比例、降低运营成本、保障电网安全至关重要，也是风电高质量发展的重要内容(李泽椿 等，2007)。

风力发电气象预报服务根据预报时效分为三类。

一是超短期预测。指未来0～4 h风力预测，用于优化电网调度，支撑电力调度部门对备用容量的调整，减轻风电对电网的不利影响。考虑到传输、计算等耗时情况，实际服务中往往预报时效需要延长到5～6 h。

二是短期预测。指未来10 d风力预测，用于支撑电力市场交易和电网调度，提高风力发电发展和市场竞争力。目前国际水平的预报时效已经延长到14～15 d。

三是长期预测。指未来月、季、年等时间尺度的预测，对政府和能源供应商做出相对准确的能源规划和布局、电网能源供应决策及电站检修等具有指导意义。

目前，风的超短期、短期预测最有效的方法为统计和动力相结合的预报法。吴息等(2014)利用简单、经济的系统订正方法和误差后延修正方法有效地订正了高分辨率风电场数值预报结果；孙川永(2009)、陈德花等(2010)利用BP神经网络对风电场风速和风电功率预报进行了统计订正；程兴宏等(2012)、赵攀等(2011)、戚双斌等(2009)分别采用自适应最小二乘法、卡尔曼(Kalman)滤波和支持向量机等方法对风电场风速的动力预报结果进行统计订正；江滢等(2013)尝试性使用神经网络集合方法对订正后的风速进行了集合预报试验。Zhao等(2017)发明了一种SC-Apriori-WRF算法实现将数值模式预报风速序列划分为多个波段，并分别建模实现超短期风速预测订正。

2.1.1　超短期预测

2.1.1.1　模型介绍

超短期预测采用临近实况做统计外推是最主要的方法之一。此处介绍一种基于改进自回归模型的超短期风速预报方法(error correction-AR，简称EC-AR)。

基于风速观测数据的EC-AR预报模型为

$$x(t+T)=\hat{x}(t+T)+e(t+T)$$

$$\hat{x}(t+T)=\sum_{i=1}^{n}a_i x[t-(i-1)T]$$

式中：a_i为模型系数；T和t分别为时间间隔与当前时间；$x(t)$，…，$x[t-(i-1)T]$为历史观测值；$\hat{x}(t+T)$和$x(t+T)$分别为$t+T$时刻的预报值和实测值；$e(t+T)$为模型误差。

将 AR 模型$t+T-1$时次与实测值的误差项Δx_{t+T-1}叠加到$t+T$时次的 AR 预报值，并对预报值进行阈值控制(风速样本的最大值和最小值)，得到最终风速预报结果。图 2.1 为基于 EC-AR 方法的超短期风速预报流程图(赵增保 等，2017)。

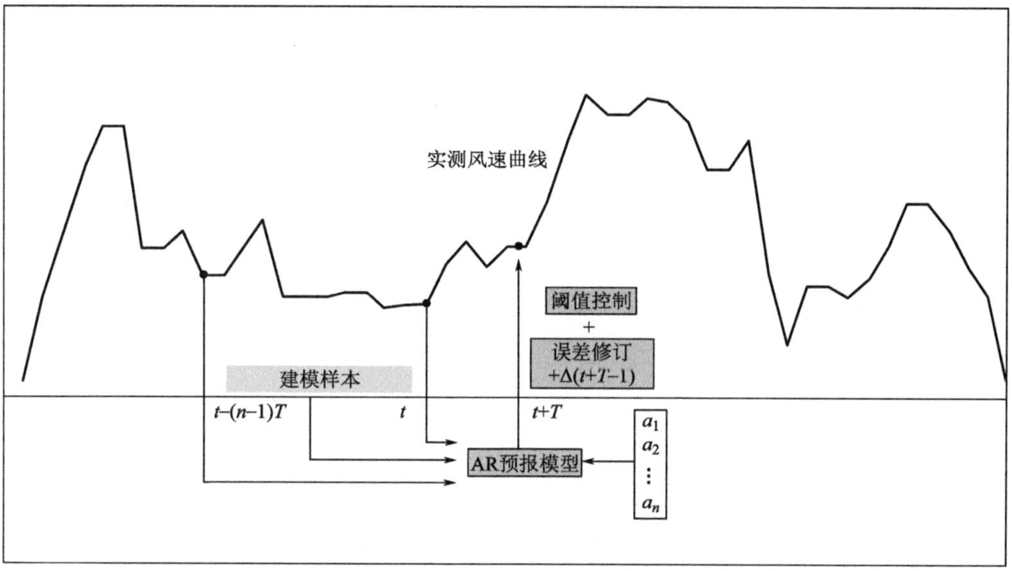

图 2.1　基于 EC-AR 方法的超短期风速预报流程

以$t+T$时刻的风速预报值$\hat{x}(t+T)$作为该时刻的真实值，则可以进一步得到$t+2T$时刻的风速预报值，即$\hat{x}(t+2T)$。同理，可得到更长时次的风速预报值$\hat{x}(t+3T)$，…，$\hat{x}(t+pT)$，进而实现风速的多步预报。

为确定$a_1,a_2,\cdots,a_n$，建立多个 AR 模型方程，并变换为矩阵形式如下：

$$\begin{bmatrix} x(t) \\ x(t-T) \\ \vdots \\ x(t-kT) \end{bmatrix} = \begin{bmatrix} x(t-T) & x(t-2T) & \cdots & x(t-nT) \\ x(t-2T) & x(t-3T) & \cdots & x(t-(n+1)T) \\ \vdots & \vdots & \cdots & \vdots \\ x(t-(k+1)T) & x(t-(k+2)T) & \cdots & x(t-(k+n)T) \end{bmatrix} \times \begin{bmatrix} a_1 \\ a_2 \\ \vdots \\ a_n \end{bmatrix} + \begin{bmatrix} e(t) \\ e(t-T) \\ \vdots \\ e(t-kT) \end{bmatrix}$$

其简化形式为：$\boldsymbol{X}=\boldsymbol{\phi}\times\boldsymbol{A}+\boldsymbol{e}$。为使误差项达到最小，根据最小二乘法，可得系数矩阵(Press et al.，1992)为

$$\boldsymbol{A}=(\boldsymbol{\phi}^{\mathrm{T}}\boldsymbol{\phi})^{-1}\boldsymbol{\phi}^{\mathrm{T}}\boldsymbol{X}$$

确定n与k的值，即可计算系数矩阵，事实上，如果n太大(特别是大于k)，那么$\boldsymbol{\phi}^{\mathrm{T}}\boldsymbol{\phi}$很容易是单数，导致$\boldsymbol{A}$无解。因此，在模型给出可接受的结果的条件下，$n$建议取尽可能小的值，$n$的确定方法一般基于自相关法、AIC(赤池信息量准则)等。

2.1.1.2　结果分析

资料来自河北张北某风电场 2017 年 1—3 月 70 m 逐 15 分钟测风塔数据。基于自相关法，由图 2.2 中风速序列的偏自相关系数(PACF)随阶数n的变化曲线可以看出，当n为 3 时，PACF 截尾，则可以确定n取值 3，考虑到计算效率和模型系数解的唯一性，取k为 5。

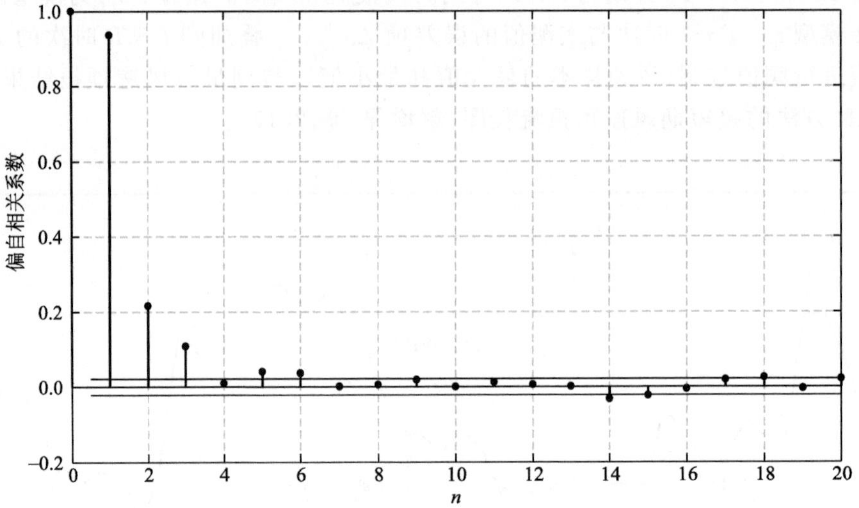

图 2.2　不同阶数 n 的偏自相关系数(PACF)

(1)单步预报

所谓单步预报,即在预报的过程中,把每一时刻的风速实测值更新为历史数据,代替当前时刻的预报值而进行下一时刻风速的预报,以减小多次迭代计算产生的累计误差。

图 2.3 为 2017 年 3 月 31 日预报曲线,可以看出预报值与实际值变化趋势基本一致,在风速波动变化不剧烈的情况下,一般误差在 1 m/s 以内,预报较为准确。对于风速序列转折点的极大值、极小值的预报结果具有滞后效应,尤其是在 14—15 时、19—20 时(北京时,下同)风速变化较为明显的时间段,预报误差超过 2.0 m/s,这是由于统计预报方法过于强调趋势变化特征,使得风速序列的转折信号一般滞后于实际观测。

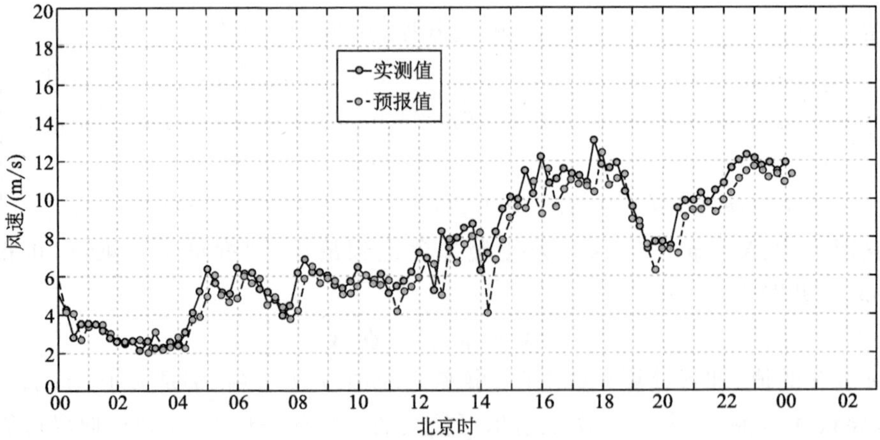

图 2.3　EC-AR 模型的单步预报值与实测风速对比曲线(2017 年 3 月 31 日)

(2)多步预报

多步预报采用单步预报结果作为新的输入,循环采用单步预报策略,实现多步预报。

图 2.4 与图 2.5 分别为利用 EC-AR 模型对未来 1 h 风速(4 步)、3 h 风速(12 步)的预报。

从 1 h 预报结果来看，风速预报曲线与实际曲线变化趋势比较吻合，大部分时次的误差不超过 2 m/s，在 04—05 时、14—16 时、20—21 时这些时段的预报误差超过 4 m/s；对于未来 3 h 逐 15 分钟风速的预报结果，在实测风速变化比较稳定的时段，即 08—16 时，对风速变化趋势的预报比较理想，误差大多在 2～4 m/s，在其他时段，预报结果变化趋势出现一定的偏差，预报误差达到 4～6 m/s。

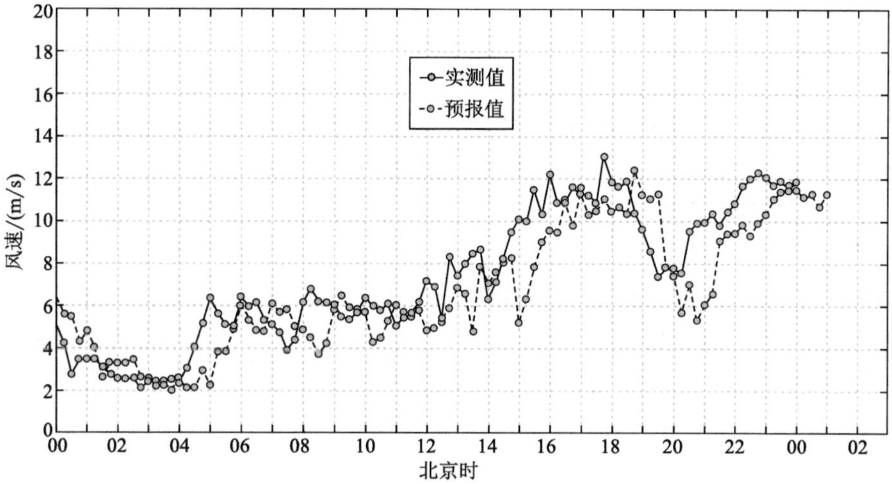

图 2.4　EC-AR 模型的多步预报值与实测风速对比曲线(4 步预测)

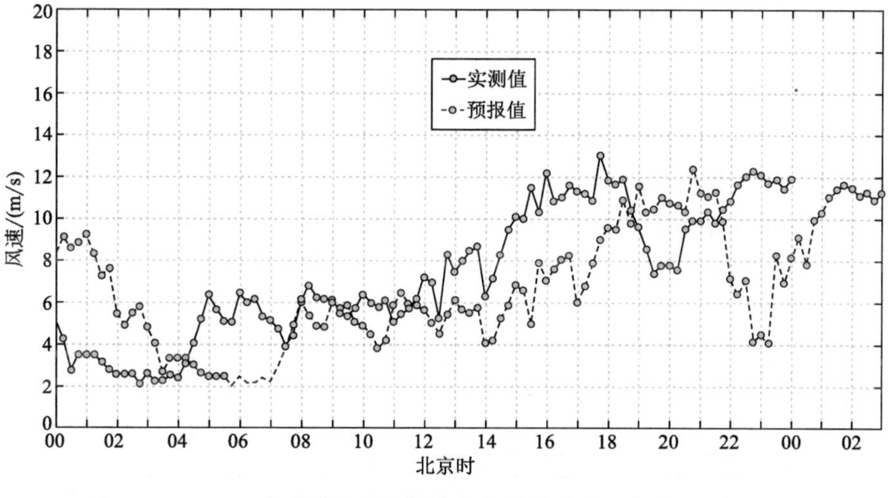

图 2.5　EC-AR 模型的多步预报值与实测风速对比曲线(12 步预测)

从表 2.1 可见，在风电场 70 m 逐 15 分钟超短期预测中，EC-AR 模型的预报精度较高，平均绝对误差为 0.8 m/s，均方根误差在 1.3 m/s。1 h 预报结果比较理想，平均绝对误差为 1.3 m/s。在未来 3 h 预报中，平均绝对误差为 1.8 m/s。随着预报步数的增加，整体预报误差水平上升，误差主要来源于风速突变时段。当预报步数较多时，由于无法将下一时刻的预估值及时替换为最新的实测值，新的风速变化信息未加入模型建模，使多步预报中的误差将逐步累加，这是导致误差较大的主要原因。

表 2.1 基于 EC-AR 模型的风速预报统计参数

预报时效（步数）	相关系数 R	平均绝对误差 MAE/(m/s)	均方根误差 RMSE/(m/s)
15 min(1)	0.92	0.8	1.3
1 h(4)	0.83	1.3	1.8
3 h(12)	0.68	1.8	2.5

2.1.2 短期预测

短期预测主要基于数值天气预报模式输出的客观预报结果，采用系列订正算法来实现。这里主要介绍分时次动态订正法和相似预报订正法。

2.1.2.1 分时次动态订正法

（1）模型介绍

分时次动态订正法的优点在于动态修订可以实时更正模型，适用于风电场风塔资料可以定时（每日、每周）获取的情况。由于风速具有一定的日变化特征，同时考虑到预报日历史临近时段误差相似性较高，对于风电场资料可以实时获取的情况，不同时次分别建立动态订正模型，模型建立样本采用预报日前 1～15 d 的实况与预报数据。

$$v_{i,j}=a_{t,j}\times s_{i,j}+b_{t,j}$$

式中：t 为当前日期；i 为历史日期，分别为 $t-15,t-14,\cdots,t-1$；j 为每天逐 15 分钟预报点，为 $1,2,\cdots,96$；$v_{i,j}$ 为实际风速；$s_{i,j}$ 为 WRF 数值预报风速；$a_{t,j}$、$b_{t,j}$ 为当前日期的订正系数，利用过去 15 d 实况与对应预报资料，基于最小二乘法得到。用于当前日期预报风速的订正：

$$y_{t,j}=a_{t,j}\times s_{t,j}+b_{t,j}$$

式中：$y_{t,j}$ 为订正后风速。

基于历史 15 d 00:00 的实际风塔资料与 WRF 数值预报，建立两者间的回归订正模型，用于订正当前日期 WRF 数值预报的风速，流程见图 2.6。类似建立 00:15，…，23:45 的模型，分别对不同时次的当前预报进行订正，得到最终预报风速，每日更新风电场风塔资料，重建模型参数，以保证模型的实时更新。

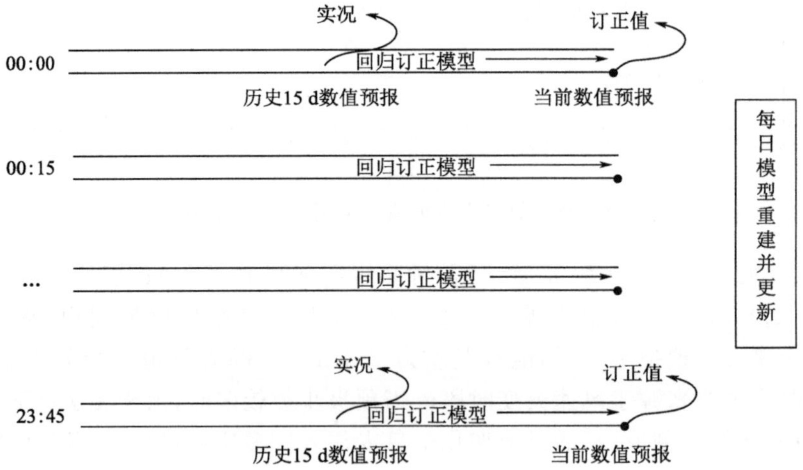

图 2.6 分时次动态订正模型流程

(2)结果分析

选取 2015 年 1 月 1 日—2017 年 2 月 28 日河北张北某风电场测风塔资料，时间间隔为 1 min，高度层分别为距地面 10 m、30 m、50 m、70 m、90 m 高度，气象要素包括风速、风向、气压等。WRF 数值预报资料为 2014 年 12 月 28 日—2017 年 3 月 31 日逐 15 分钟的距地面 10 m、30 m、50 m、70 m、80 m、90 m 高度的风速、风向、温度数据，以及逐小时的气压、相对湿度数据。

分析发现，分时次动态订正模型的月均误差较 WRF 数值预报有明显提升，2016 年 7 月误差最小，均方根误差为 2.24 m/s，在风速较大的春季，均方根误差下降 1.0 m/s 以上，风速较大的 4—5 月误差仍较大，均方根误差在 3.5 m/s 左右(图 2.7、表 2.2)。

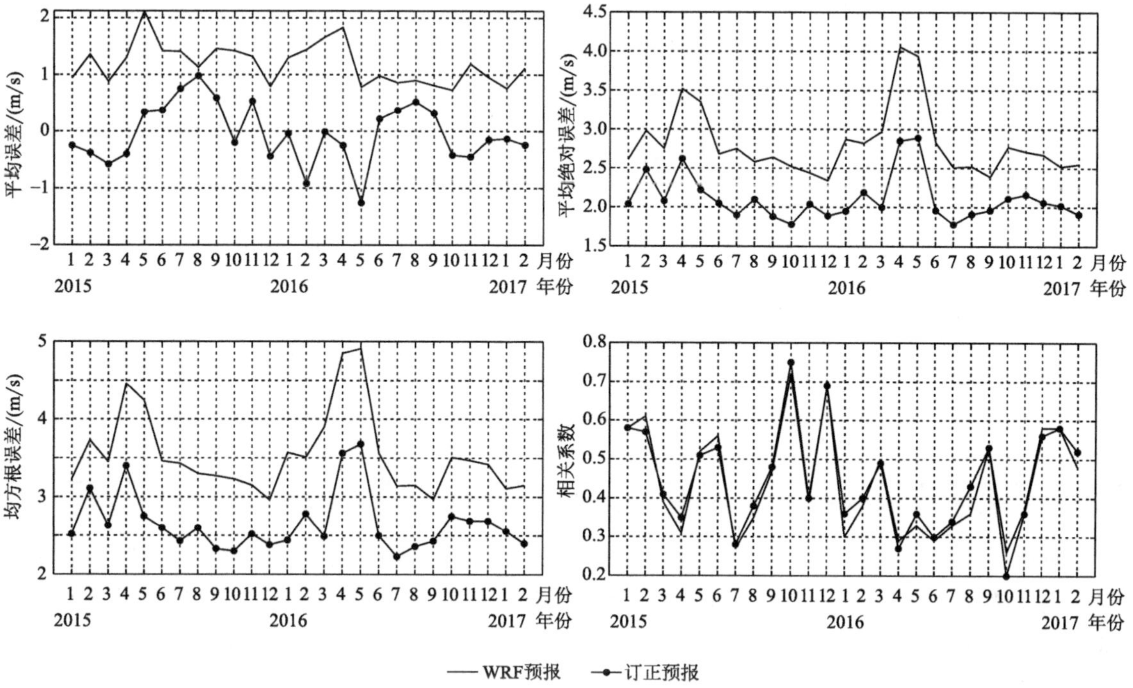

图 2.7　2015 年 1 月—2017 年 2 月分时次动态订正模型与 WRF 数值预报误差对比曲线

表 2.2　WRF 数值预报风速与分时次动态订正模型误差统计

时间(年-月)	数值预报				分时次动态订正模型			
	ME	MAE	RMSE	R	ME	MAE	RMSE	R
2015-01	0.94	2.61	3.23	0.58	−0.25	2.04	2.52	0.58
2015-02	1.36	2.98	3.73	0.61	−0.38	2.48	3.11	0.57
2015-03	0.88	2.75	3.45	0.39	−0.58	2.08	2.63	0.41
2015-04	1.30	3.52	4.46	0.31	−0.40	2.62	3.40	0.35
2015-05	2.12	3.35	4.24	0.52	0.34	2.22	2.75	0.51
2015-06	1.42	2.68	3.46	0.56	0.37	2.05	2.60	0.53
2015-07	1.41	2.75	3.43	0.27	0.75	1.90	2.43	0.28
2015-08	1.13	2.58	3.30	0.35	0.98	2.10	2.60	0.38

续表

时间(年-月)	数值预报				分时次动态订正模型			
	ME	MAE	RMSE	R	ME	MAE	RMSE	R
2015-09	1.46	2.64	3.27	0.47	0.59	1.88	2.33	0.48
2015-10	1.42	2.52	3.23	0.72	−0.20	1.78	2.30	0.75
2015-11	1.32	2.44	3.15	0.39	0.53	2.04	2.52	0.40
2015-12	0.79	2.34	2.96	0.69	−0.44	1.89	2.38	0.69
2016-01	1.30	2.87	3.57	0.30	−0.04	1.95	2.44	0.36
2016-02	1.44	2.82	3.51	0.38	−0.92	2.19	2.78	0.40
2016-03	1.66	2.97	3.90	0.50	−0.01	2.00	2.49	0.49
2016-04	1.83	4.06	4.85	0.29	−0.25	2.85	3.56	0.27
2016-05	0.78	3.94	4.91	0.33	−1.26	2.89	3.68	0.36
2016-06	0.98	2.83	3.56	0.29	0.22	1.96	2.50	0.30
2016-07	0.86	2.51	3.14	0.33	0.37	1.78	2.23	0.34
2016-08	0.90	2.52	3.15	0.36	0.52	1.91	2.36	0.43
2016-09	0.81	2.39	2.97	0.53	0.32	1.96	2.43	0.53
2016-10	0.73	2.77	3.51	0.26	−0.42	2.11	2.75	0.20
2016-11	1.19	2.71	3.47	0.37	−0.45	2.16	2.69	0.36
2016-12	0.95	2.67	3.42	0.58	−0.15	2.06	2.69	0.56
2017-01	0.76	2.52	3.11	0.58	−0.13	2.02	2.56	0.58
2017-02	1.12	2.55	3.15	0.48	−0.24	1.91	2.40	0.52

注:ME 代表平均误差,MAE 代表平均绝对误差,RMSE 代表均方根误差,R 代表相关系数,下同。

对比检验样本 2017 年 2 月的实况、WRF 数值预报及分时次动态订正预报曲线,可以发现分时次动态订正后的风速与实况风速变化趋势相似,相对 WRF 数值预报,分时次动态订正后风速在极大值点略有减小,对风速极值出现时间有一定的预报能力,同时降低了风速预报过大情况出现的概率(图 2.8)。

2.1.2.2 相似预报订正法

(1)模型介绍

Delle 等(2011)提出的相似预报方法,是一种基于当前数值预报与历史数值预报相似,进而利用相似历史数值预报时段的实际气象要素得到当前气象要素预报的方法(图 2.9)。通过遍历历史预报与当前预报相似的预报日,提取所有预报日实况风速,通过加权平均得到当前预报日的预报风速。该方法的前提是数值预报对相似的天气有相似的预报误差,需要较多的历史样本。

相似判断指标如下:

$$\|F_t, A_{t'}\| = \sum_{i=1}^{N_v} \frac{w_i}{\sigma_{f_i}} \sqrt{\sum_{j=-\tilde{t}}^{\tilde{t}} (F_{i,t+j} - A_{i,t'+j})^2}$$

式中:F_t 为 t 时次起报的数值预报;$A_{t'}$ 为历史 t' 时次起报的数值预报;i 为判断相似用到的不同预报气象要素标记;N_v 为判断相似用到的气象要素总个数;w_i 为不同气象要素的权重系

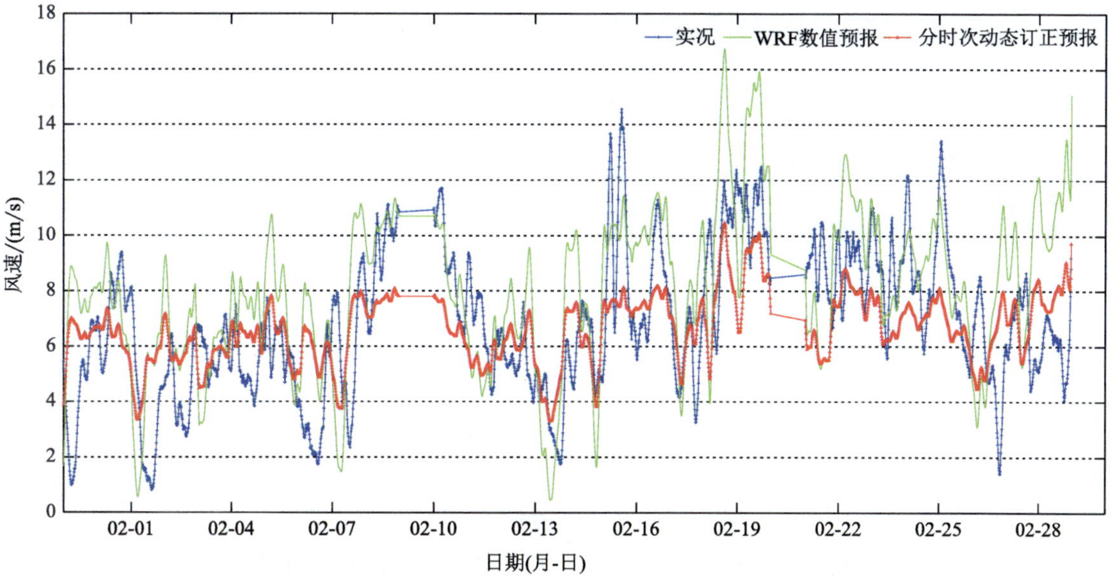

图 2.8　WRF 数值预报、分时次动态订正预报与实况对比曲线

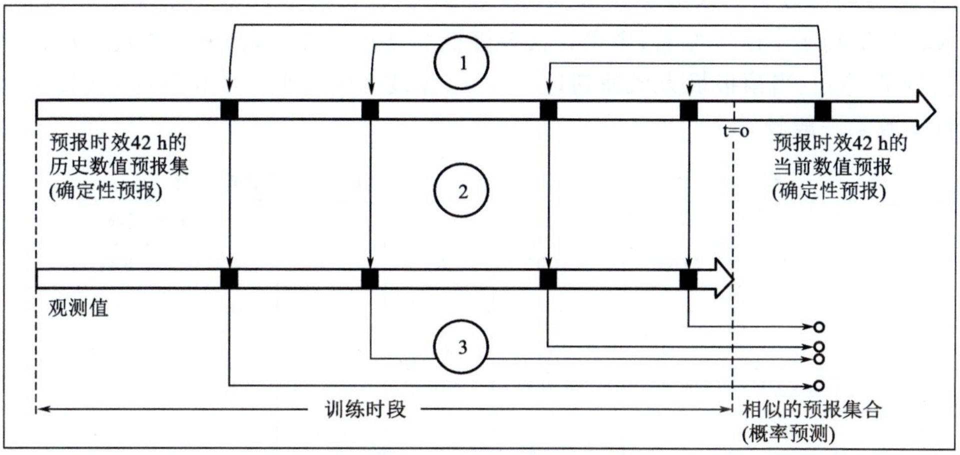

图 2.9　相似预报流程图

数；σ_{fi} 为标准差；$\widetilde{t}$ 为判断相似采用的时间窗口长度；$F_{i,t+j}$ 为 t 时次起报预测的第 j 时刻的第 i 个气象要素值；$A_{i,t'+j}$ 为 t' 时次起报预测的第 j 时刻的第 i 个气象要素值。

相似预报的历史库采用 2015 年 1 月 1 日—2017 年 1 月 31 日数值预报及实况，数值预报要素考虑 70 m 逐小时风速、风向、气压、湿度，相似时间匹配窗口长度为 3 d。2017 年 2 月的数据作为检验数据。

(2)结果分析

图 2.10 为 2017 年 2 月 12 日 70 m 风速相似预报订正曲线。通过对当天数值预报，匹配历史数值预报，得到最相似日数值预报曲线，建立两日数值预报风速的线性订正模型，对相似日实况风速进行订正得到订正预报风速。对比可以发现，订正后风速曲线与实际曲线变化趋势接近，较原始数值预报有明显提升，且相似预报订正方法针对数值预报误差较大的风速情

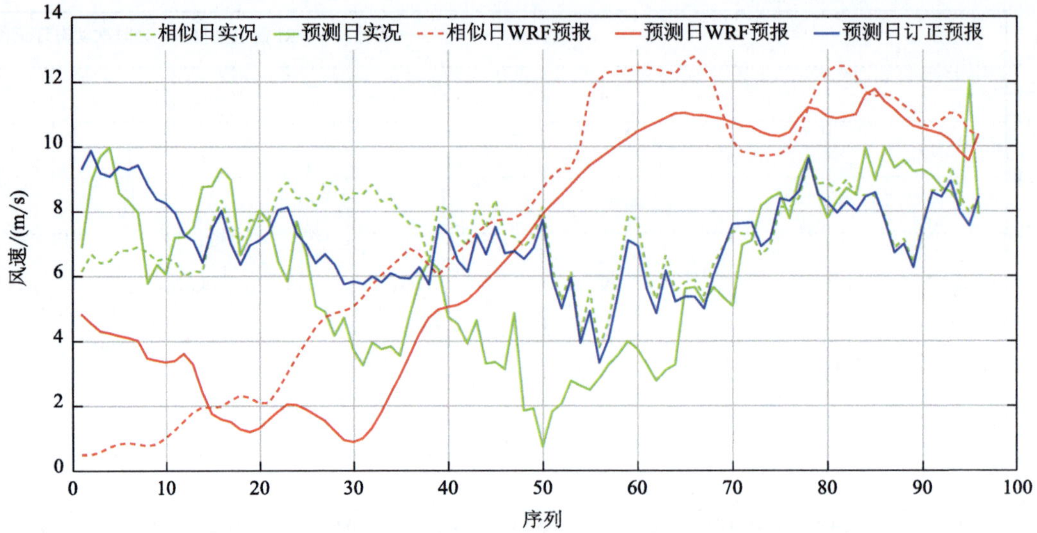

图 2.10　2017 年 2 月 12 日 70 m 风速相似预报订正曲线

况，有较好的订正能力。

从 2017 年 2 月逐日的误差统计（表 2.3）来看，多数相似预报较原始预报有提升，均方根误差（RMSE）降低 0.4 m/s 左右，个别日误差降低 2.0 m/s 以上，部分时段订正后误差变大（2 月 10 日、11 日等）。当预报最大风速超过 9 m/s，且最小风速小于 4 m/s 时（当日风速波动较大），其订正效果一般较好。

表 2.3　WRF 数值预报风速与相似预报订正模型误差统计

时间（年-月-日）	原始预报				相似预报			
	ME	MAE	RMSE	R	ME	MAE	RMSE	R
2017-02-01	1.0	3.4	3.7	−0.2	0.2	1.2	1.5	0.7
2017-02-02	2.1	2.4	2.8	0.2	1.1	1.5	1.9	0.1
2017-02-03	−0.5	1.7	2.0	−0.3	−1.5	1.6	1.9	0.3
2017-02-04	2.2	2.7	2.9	−0.3	0.3	1.3	1.7	0.1
2017-02-05	1.8	2.3	2.9	0.2	−0.4	2.3	2.7	0.2
2017-02-06	2.8	3.0	3.5	0.1	2.0	2.3	2.6	0.1
2017-02-07	0.6	3.8	4.4	0.1	−2.1	2.7	3.3	0.3
2017-02-08	0.9	1.3	1.7	0.7	−0.2	1.5	1.8	0.3
2017-02-10	−0.2	1.2	1.5	0.7	−1.2	1.9	2.3	0.2
2017-02-11	−1.4	2.0	2.5	0.0	−2.7	2.8	3.2	0.1
2017-02-12	1.8	2.1	2.5	−0.1	0.2	1.2	1.5	0.0
2017-02-13	−0.1	2.1	2.4	0.5	0.0	1.3	1.7	0.2
2017-02-14	0.9	2.4	3.0	0.2	−1.1	1.6	2.2	−0.3
2017-02-15	0.5	2.9	3.4	0.3	0.5	3.0	3.5	0.2
2017-02-16	2.3	2.3	2.7	0.7	1.2	2.0	2.5	−0.3
2017-02-17	1.8	2.2	2.7	0.5	0.0	1.7	2.0	0.2

续表

时间(年-月-日)	原始预报				相似预报			
	ME	MAE	RMSE	R	ME	MAE	RMSE	R
2017-02-18	1.5	3.6	4.3	0.2	−1.5	2.6	3.5	0.3
2017-02-19	2.2	3.3	3.8	0.0	−1.9	2.8	3.5	−0.2
2017-02-21	−1.9	2.8	3.3	−0.2	−2.3	2.4	2.9	0.0
2017-02-22	2.2	2.4	2.9	0.2	2.0	2.3	2.7	0.0
2017-02-23	−0.2	1.4	1.8	0.4	−1.8	2.2	2.6	0.3
2017-02-24	0.9	1.7	2.0	0.3	0.2	1.4	1.9	0.2
2017-02-25	−0.1	1.5	1.7	0.8	−2.5	2.6	3.4	0.6
2017-02-26	1.0	3.8	4.5	−0.7	0.4	2.6	3.3	−0.4
2017-02-27	2.0	3.1	3.7	−0.5	0.1	1.5	1.8	0.2
2017-02-28	5.0	5.0	5.5	−0.4	4.6	4.6	4.9	0.1

2.2 太阳能发电气象预报服务技术

与常规能源发电相比，太阳能发电具有固有的间歇性和不可控性，易对电网造成冲击，弃光是当前我国新能源发展碰到的难题。作为太阳能发电预报的基础，提高太阳能数值天气预测精度，间接提高再生能源功率预测水平，是解决弃光问题的重要技术基础，对提高新能源消纳水平，促进我国新能源行业稳健、持续发展具有重大的意义，也对光伏产业的健康发展有积极的借鉴作用。

河北省张家口、承德等地拥有丰富的太阳能资源，同时与该地区相邻的北京、天津有巨大的能源需求市场，加快可再生能源替代的重要性和急迫性逐渐彰显。光伏发电功率的大小虽与多种气象因素有关，但与太阳辐照度的相关系数达到 0.8 以上。由此，辐照度预报的准确性成为太阳能稳定转化的关键问题。如何利用数值天气预报，分析太阳辐照度与气象因子的关系、建立订正指标、提高辐照度预报的准确率是当前能源气象服务急需解决的问题。这里选取 2018 年 1 月—2019 年 4 月承德正北沟光伏电站太阳辐照度实况、气象站实况及同期的 EC 细网格数值预报资料，其中辐照度实况来源于光伏电站安装在水平面上的太阳辐射仪，气象站实况指承德气象站的定时观测资料，EC 细网格数值预报资料来源于欧洲中心，时间分辨率为逐 3 小时，空间分辨率为 0.125°×0.125°；2018 年 6 月—2019 年 4 月 WRF 数值模式辐照度预报和承德气象站主观订正预报，其中 WRF 是中尺度数值模式，每日 20 时（北京时）起报，预报时长 7 d，空间分辨率为 4 km×4 km，时间分辨率为逐 15 分钟；2019 年 1—4 月人工订正后的辐照度预报，预报员根据 EC 细网格数值预报，经过分析判断对 WRF 模式辐照度预报进行订正。根据辐照度与气象要素的关系，利用逐步回归建立辐照度预报模型。

2.2.1 太阳辐照度变化规律

2.2.1.1 理论辐照度的变化规律

利用太阳常数、日地距离订正系数、赤纬角、纬度、时角等，通过以下公式计算光伏电站的理论辐照度：

$$E_m = \lambda E_{sc}(\sin\delta\sin\phi + \cos\delta\cos\phi\cos\tau) \tag{2.1}$$

$$\lambda = 1 + 0.033\cos\frac{360^\circ n}{365} \tag{2.2}$$

$$\delta = 23.45^\circ\sin\left(360^\circ \times \frac{284+n}{365}\right) \tag{2.3}$$

$$\tau = (S_0 - 12) \times 15^\circ \tag{2.4}$$

式中：E_m 为理论太阳辐照度（单位：W/m^2）；λ 为日地距离订正系数；E_{sc} 为太阳常数，一般取 1367 W/m^2；δ 为赤纬角（单位：°）；ϕ 为纬度（单位：°）；τ 为时角，以正午时刻为 0，上午为负，下午为正（单位：°）；n 为一年中日序号，如 1 月 1 日，$n=1$；S_0 为时刻（取正点数值）。

根据以上公式得到正北沟光伏电站理论辐照度。理论辐照度的日极值变化曲线呈抛物线型（图 2.11），在 12 月最小，日极值一般多在 600 W/m^2 左右，在 6 月最大，日极值可达 1200 W/m^2。

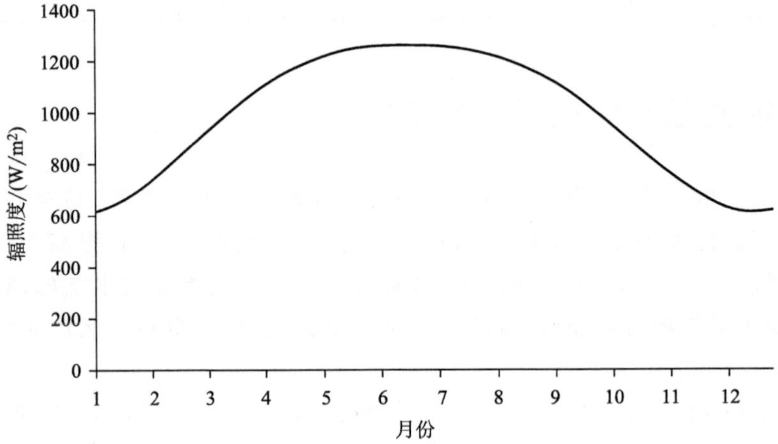

图 2.11　太阳理论辐照度年变化趋势

2.2.1.2　电站辐照度实况特征

通过对正北沟光伏电站 2018 年 1—12 月辐照度实况分析可知，辐照度最早出现的时刻是 04:45，出现在 6 月中下旬，最晚结束的时刻是 19:30，出现在 6 月下旬；辐照度最晚出现的时刻是 07:30，出现在 12 月下旬，最早结束的时刻是 16:30，出现在 12 月中下旬。

太阳辐照度日变化呈抛物线状，变化曲线关于 12:00 呈轴对称图形，在 12:00 以前辐照度呈上升趋势，在 12:00 辐照度达到最大值，12:00 以后辐照度为下降趋势。太阳辐照度年变化也呈现抛物线状，在 1—3 月辐照度呈上升趋势，4—5 月辐照度变化较小，辐照度数值普遍较大，6—8 月太阳辐照度受云量、降水等气象因素影响，波动尤为显著，9—12 月辐照度总体呈下降趋势。12 月太阳辐照度最小，日辐照度最大值一般在 400 W/m^2 左右，4—5 月太阳辐照度较大，日辐照度最大值一般在 900 W/m^2 左右。

2.2.2　辐照度与气象要素的关系

由于辐照度有明显的年变化特征，同样天空状况下，12 月的最大辐照度仅为 400 W/m^2，4—5 月的最大辐照度可达 900 W/m^2，两者相差一倍以上。由此可见，如果直接分析辐照度与气象要素的关系将会出现较大偏差，因此采用间接方法，通过分析实况辐照度与理论辐照度的比值与气象要素的关系，可有效减小偏差。

2.2.2.1　不同天空状况下辐照度比值的变化

太阳辐照度的大小与云量、降水密切相关，按照云量和降水情况将天空状况分为晴、多云、阴、降水四类天气，其中当天空云量在 0～3 成时为晴，4～8 成时为多云，9～10 成时为阴。由于 EC 细网格数值预报的时间分辨率为逐 3 小时，气象站的云量实况资料也是逐 3 小时，因此，按照 08:00、11:00、14:00、17:00，分时刻分析不同天空状况下辐照度实况和理论辐照度之间的比值变化（表 2.4）。

表 2.4　不同天空状况下不同时刻辐照度实况和理论辐照度的比值

时刻	晴	多云	阴	降水
08:00	0.54	0.47	0.28	0.10
11:00	0.68	0.59	0.37	0.13
14:00	0.62	0.51	0.34	0.13
17:00	0.27	0.31	0.21	0.10

由表 2.4 可知，08:00、11:00、14:00 三个时刻在不同天空状况下的辐照度比值变化趋势一致，晴天最大，其次是多云，降水时最小，进一步分析发现，同一天空状况不同时刻的辐照度比值差距较大，如晴天情况下，08:00 辐照度比值是 0.54，11:00 为 0.68，两者相差 0.14。17:00 的辐照度比值变化与其他时刻不同，在降水时最小，为 0.10，其他天空状况下均明显小于其他三个时刻，这可能与辐照度的月际变化有关，每年 11 月—次年 2 月 17:00 的太阳辐照度接近零。

2.2.2.2　EC 细网格预报中气象要素与辐照度比值的关系

选取正北沟光伏电站周边 4 个 EC 细网格的格点数据，分别分析 4 个格点的各气象要素与辐照度实况的相关性，结果发现 4 个格点的气象要素与辐照度实况的相关性接近，因此，最终选取 4 个格点的气象要素平均值代表光伏电站的气象要素预报值。根据 2018 年 1—12 月 EC 细网格预报和同期实况辐照度、理论辐照度资料，分别分析 08:00、11:00、14:00、17:00 4 个时刻的辐照度比值和辐照度实况与总云量、低云量、3 h 降水量以及 400～1000 hPa 不同高度层相对湿度等气象要素的相关性。

通过表 2.5 可知，在 08:00、11:00、14:00 辐照度比值与各气象要素均呈负相关，且相关性显著，通过了 0.01 的显著性检验；在 17:00 实况辐照度和理论辐照度的比值与气象要素的相关性较差，其中与低云量的相关性显著，通过了 0.01 的显著性检验，与 400 hPa 相对湿度较显著，通过了 0.05 的显著性检验，与其他要素相关性不显著。辐照度实况与气象要素的相关性分析中（表略），只有 11:00、14:00 两个时刻的各要素通过了 0.01 的显著性检验，且相关系数在－0.4246～－0.1822；08:00 总云量、低云量、3 h 降水量、400～850 hPa 相对湿度通过了 0.01 的显著性检验，且相关系数在－0.3341～－0.1562，925～1000 hPa 相对湿度没有通过 0.05 的显著性检验；17:00 所有气象要素都没有通过 0.05 的显著性检验。由此可见，辐照度比值与气象要素的相关性优于辐照度本身，其原因是辐照度既有日变化，又有年变化，同一时刻不同季节的辐照度差异很大，用实况辐照度和理论辐照度的比值可以抵消不同季节辐照度自身变化，更能体现气象因子对辐照度的影响。

表 2.5　不同时刻辐照度比值与气象要素的相关系数

气象要素	08:00（样本数 304）	11:00（样本数 304）	14:00（样本数 304）	17:00（样本数 248）
总云量	−0.5562**	−0.5978**	−0.5063**	−0.0092
低云量	−0.4090**	−0.4470**	−0.4067**	−0.1614**
3 h 降水量	−0.2850**	−0.3839*	−0.3545**	−0.0714
1000 hPa 相对湿度	−0.3769**	−0.5121**	−0.4515**	−0.0958
950 hPa 相对湿度	−0.3886**	−0.5143**	−0.4516**	−0.0870
925 hPa 相对湿度	−0.4242**	−0.5154**	−0.4484**	−0.0852
850 hPa 相对湿度	−0.5526**	−0.5102**	−0.4468**	−0.0937
700 hPa 相对湿度	−0.4837**	−0.4420**	−0.4368**	0.0304
600 hPa 相对湿度	−0.4799**	−0.5113**	−0.3998**	0.0303
500 hPa 相对湿度	−0.4844**	−0.4796**	−0.4176**	−0.1143
400 hPa 相对湿度	−0.4013**	−0.4196**	−0.3668**	−0.1495*

注：**说明通过了 0.01 的显著性检验，*说明通过了 0.05 的显著性检验。

2.2.3　太阳辐照度预测方法

国内外对辐照度相关研究很多，欧洲国家于 20 世纪 80 年代—90 年代初，在太阳能、风能和生物质能源等领域进行大规模投资和研发，新能源预报技术和商业化得以快速发展（Devabhaktuni et al.，2013；Haupt et al.，2017；Lorenz et al.，2009；Kudo et al.，2009）。国内太阳能预报研究主要为数值模式和统计预测，数值模式主要依赖于 WRF、MM5 等相关中尺度气象模式（王明欢 等，2012；黄鹤 等，2015；白永清 等，2011；何晓凤 等，2015；吴焕波 等，2019），在统计预测方面，主要是基于气象实况数据的统计预测模型，包括自回归滑动预测（孟天星 等，2013）、马尔可夫链（丁明 等，2011）、人工智能技术（廖东进 等，2016；钟志峰 等，2017；王建平 等，2015；杨挺 等，2019）等。2022 年 3 月，中国气象局风能太阳能气象预报系统（CMA-WSP）正式发布风能太阳能短期预报产品，时间分辨率为 15 min，空间分辨率为 9 km，预报时效达到 126 h。2023 年 5 月，CMA-WSP 系统升级为 2.0 版，辐射、风速等预报误差显著降低，预报时效延长至 336 h，预报时效达到国际水平，可满足风能太阳能行业的预报服务需求。

2.2.3.1　辐照度比值预报模型及检验

根据以上分析结果，选取主要影响因子，利用逐步回归，分时刻建立辐照度比值预报模型（表 2.6）。在分析中选取显著性水平 $\alpha=0.05$ 进行 t 检验。

逐步回归分析结果显示，08:00 影响辐照度比值的主要气象因子有总云量、850 hPa 相对湿度、600 hPa 相对湿度、400 hPa 相对湿度；11:00 影响辐照度比值的主要气象因子有总云量、低云量、3 h 降水量、950 hPa 相对湿度、925 hPa 相对湿度、600 hPa 相对湿度、400 hPa 相对湿度；14:00 影响辐照度比值的主要气象因子有总云量、3 h 降水量、850 hPa 相对湿度、700 hPa 相对湿度、400 hPa 相对湿度；17:00 影响辐照度比值的主要气象因子有低云量、1000 hPa 相对湿度、950 hPa 相对湿度、600 hPa 相对湿度、500 hPa 相对湿度。

表 2.6　不同时刻辐照度比值预报模型

时刻	预报模型
08:00	$K=0.7004-0.0119x_1-0.0030x_7-0.0013x_9-0.001x_{11}$
11:00	$K=0.8309-0.0136x_1-0.0113x_2-0.0434x_3+0.0173x_5-0.0180x_6-0.0018x_9-0.0010x_{11}$

续表

时刻	预报模型
14:00	$K=0.7519-0.0112x_1-0.0257x_3-0.0019x_7-0.0012x_8-0.0010x_{11}$
17:00	$K=0.2844-0.0111x_2-0.0501x_4+0.0498x_5+0.0013x_9-0.0014x_{10}$

注：模型中 K 表示辐照度比值，x_1 表示总云量，x_2 表示低云量，x_3 表示逐 3 小时降水量，x_4 表示 1000 hPa 相对湿度，x_5 表示 950 hPa 相对湿度，x_6 表示 925 hPa 相对湿度，x_7 表示 850 hPa 相对湿度，x_8 表示 700 hPa 相对湿度，x_9 表示 600 hPa 相对湿度，x_{10} 表示 500 hPa 相对湿度，x_{11} 表示 400 hPa 相对湿度。

根据辐照度比值预报模型和理论辐照度开展 2018 年 8—12 月辐照度回代预报，利用太阳总辐射预报性能检验方法（吴焕波 等，2019），通过平均误差（ME）、平均绝对误差（MAE）、均方根误差（RMSE）、相关系数（R）等 4 个指标与同期 WRF 数值模式直接得到的辐照度预报进行对比检验（表 2.7）。

表 2.7 不同时刻回归预报与 WRF 数值预报对比检验

时刻	平均误差（ME）		平均绝对误差（MAE）		均方根误差（RMSE）		相关系数（R）	
	回归预报	WRF 数值预报	回归预报	WRF 数值预报	回归预报	WRF 数值预报	回归预报	WRF 数值预报
08:00	−7.55	74.76	49.83	82.21	73.94	132.77	0.80	0.70
11:00	−25.70	160.57	108.41	172.39	147.42	247.21	0.79	0.63
14:00	−4.59	184.69	105.13	190.00	146.33	247.26	0.69	0.65
17:00	−6.07	120.13	38.75	125.72	53.48	146.16	0.78	0.71

从表 2.7 可知，回归预报的平均误差、平均绝对误差、均方根误差结果均小于 WRF 数值预报，回归预报与实况的相关性也优于 WRF 数值预报。从几个时刻的平均值来看，回归预报的平均误差是 -11.00 W/m^2，比实况略偏低，WRF 数值预报是 135.04 W/m^2，比实况明显偏高；回归预报的平均绝对误差是 75.53 W/m^2，WRF 数值预报是 142.58 W/m^2；回归预报的均方根误差是 105.29 W/m^2，WRF 数值预报是 193.35 W/m^2；回归预报与实况的相关系数是 0.77，WRF 数值预报是 0.67。WRF 数值预报的平均绝对误差和均方根误差接近回归预报的 2 倍，08:00、17:00 回归预报和 WRF 数值预报的结果好于 11:00 和 14:00。

利用辐照度比值预报模型对 2019 年 1—4 月辐照度进行预报检验。并根据 08:00、11:00、14:00、17:00 4 个时刻辐照度预报结果通过双向订正法得到逐时刻的辐照度预报，将辐照度回归预报与人工主观订正辐照度、WRF 数值模式原始辐照度预报分别进行检验，辐照度回归预报的均方根误差为 144.43 W/m^2，人工主观订正辐照度的均方根误差为 145.15 W/m^2，WRF 数值模式原始辐照度预报的均方根误差为 157.45 W/m^2。进一步分析发现，晴天时辐照度回归预报结果与实况偏差较大，云量较多或出现降水时，WRF 数值模式原始辐照度预报偏差较大。按照晴天和非晴天两种情况，根据平均绝对百分比误差（MAPE）和相对均方根误差（RRMSE）分月检验非晴天时 WRF 数值模式原始辐照度、人工主观订正辐照度、回归预报辐照度的预报效果。结果发现，WRF 数值模式原始辐照度的 MAPE 为 27.6%～38.5%，RRMSE 为 38.9%～52.2%；人工主观订正辐照度的 MAPE 为 22.9%～49.5%，RRMSE 为 30.0%～65.4%；回归预报辐照度的 MAPE 为 21.0%～34.1%，RRMSE 为 29.8%～41.4%，回归预报辐照度的 RRMSE 比 WRF 数值模式预报的原始辐照度降低 10% 左右（表 2.8）。

表 2.8　2019 年 1—4 月 3 种辐照度预报的误差统计　　%

月份	WRF 数值模式原始辐照度		人工主观订正辐照度		回归预报辐照度	
	MAPE	RRMSE	MAPE	RRMSE	MAPE	RRMSE
1	37.8	51.1	49.5	65.4	34.1	41.4
2	28.4	39.2	22.9	30.0	21.0	29.8
3	38.5	52.2	37.4	47.3	25.9	36.9
4	27.6	38.9	22.9	31.7	24.7	31.2

2.2.3.2　太阳辐照度预测方法

辐照度的超短期预测主要依赖于外推法，传统方法为单站观测的外推法，近些年来的主要发展方向为两种：一是基于全天空成像仪、卫星等观测实况的外推技术，二是加频滚动更新的数值预报。辐照度的短期预测方法包括统计类和物理类，其中物理类依赖于数值预报，是目前辐射短中期预报的主要方法，进一步发展出的多种数值预报模式集成方法是快速提升预测准确率的主流技术之一。

(1)模型介绍

基于多种数值预报模式的集成预报方法采用简易有效的回归模型：

$$y = r_1 x_1 + r_2 x_2$$

式中：y 为集成预报结果；r_1 和 r_2 分别为 WRF 数值预报和 EC 数值预报对应的权重系数；x_1 为 WRF 数值预报给出的原始辐照度预报，以下简称“WRF 原始预报”；x_2 为基于 EC 数值预报输出的常规要素预报经神经网络训练得出的辐照度预报，以下简称“EC 衍生预报”。两者有一定的独立性且包含不同的有效预测信息。因此，两数据源集成具有一定合理性。

(2)结果分析

数据资料选取河北 7 个辐射站(图 2.12)2021 年 1 月 1 日—2022 年 12 月 31 日实况资料，其中 2021 年 4—5 月实况数据缺失，此外，涞源光伏站 2021 年 10 月观测数据缺失。数值预报选取 WRF 数值模式和 EC 数值模式同期的数值预报资料，其中 2021 年 7 月数值预报模式运行错误，结果不作参考。

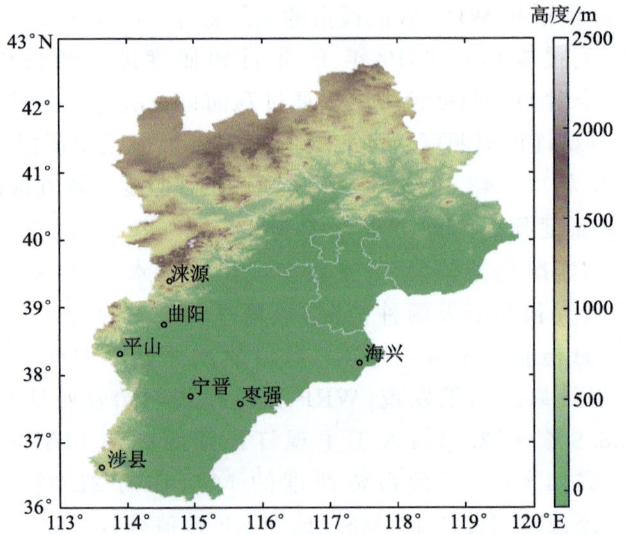

图 2.12　河北 7 个辐射站分布

① WRF 原始预报误差分析

各站 WRF 原始预报与实况的月相关系数多数在 0.85 以上(图 2.13)，海兴与平山平均月相关系数较高，接近 0.92，涞源最低，为 0.87。受各季节不同天气过程影响，相关系数存在明显的季节差异。春、秋、冬季相关系数较高，主要在 0.89～0.95，少数低于 0.89，夏季最低，一般在 0.80～0.89，个别站由于天气复杂，相关系数较低，例如涞源 2021 年 6—8 月相关系数不足 0.80。因夏季中小尺度强对流天气多发，易导致预测出现错报和漏报，大部分站点在夏季相关系数不足 0.90；春、秋、冬季天气干燥，相对天气过程较少，春季偶有沙尘天出现，冬季受寒潮和雾的影响，因此某些月份的相关系数较低，但也维持在 0.90 左右。

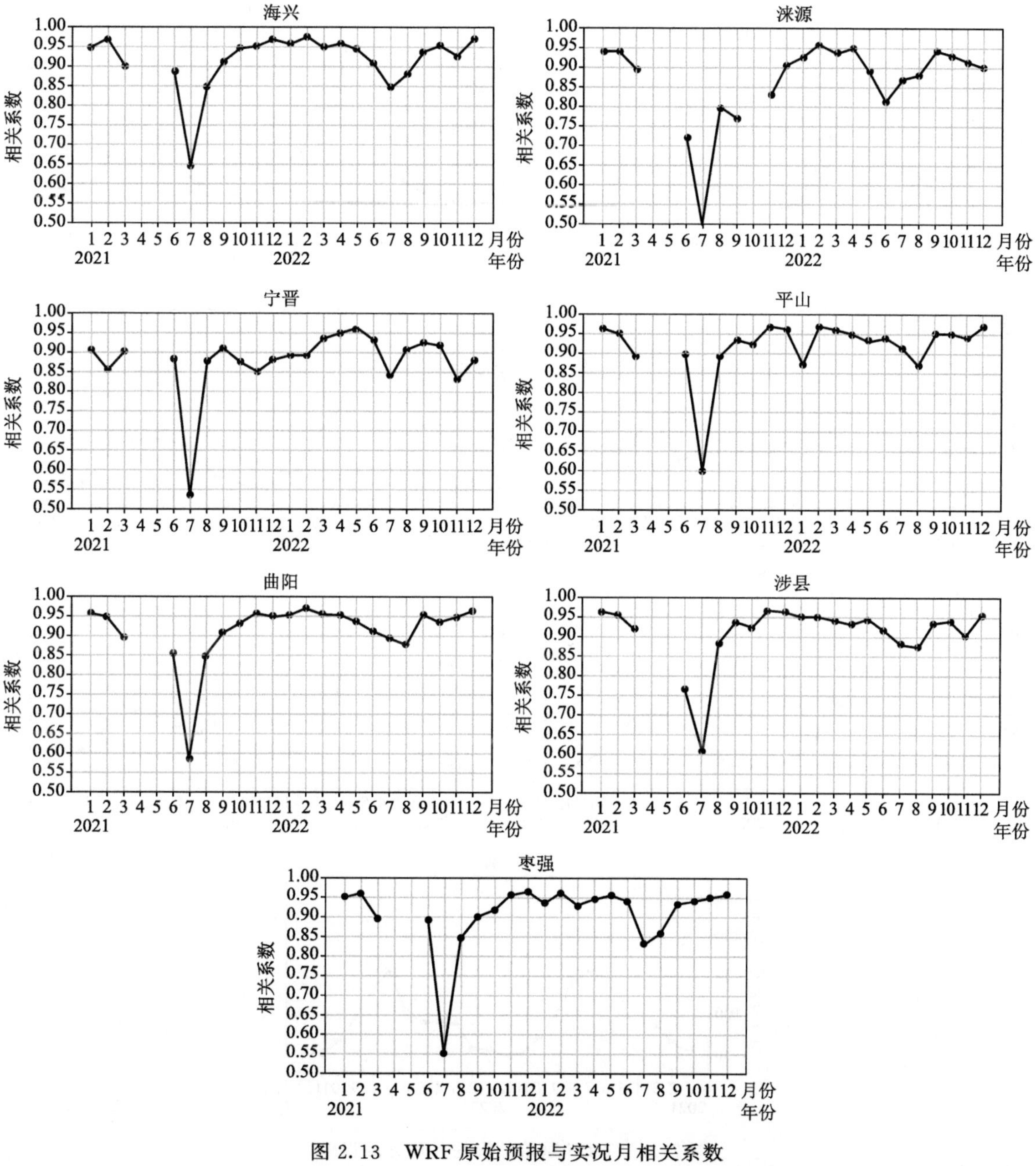

图 2.13　WRF 原始预报与实况月相关系数

各站之间的月均方根误差差异较大(图 2.14),涞源和宁晋平均月均方根误差超过 100 W/m²,分别为 109.24 W/m² 和 103.924 W/m²,其他站基本在 91 W/m² 以下,其中海兴最小,为 82.66 W/m²,误差分布表现为西部大、东部小。误差的季节差异明显,10 月—次年 2 月,各站均方根误差相对其他月份较小,一般在 80 W/m² 以下,除该时段天气过程相对其他月份偏少、整体预报难度相对较低外,冬、春季地面接收的太阳辐射本身上限较低也是原因之一。夏季误差值在 150 W/m² 左右,接近夏季最大辐照度(按 1200 W/m² 估测)的 12.5%,2022 年夏季平山、曲阳、涉县 WRF 原始预报结果相对其他站较好,月均方根误差基本低于 125 W/m²(夏季最大辐照度的 10%)。

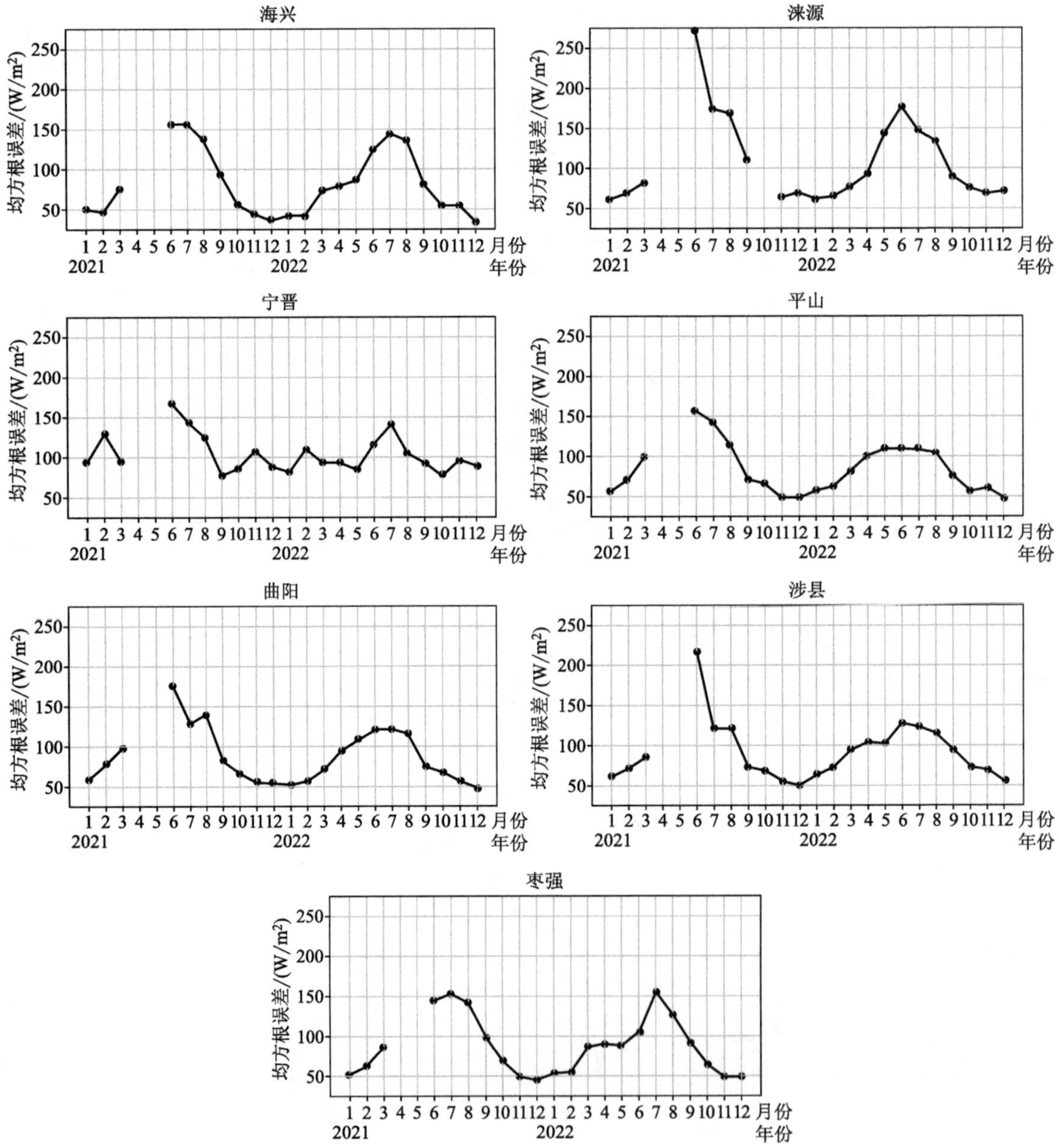

图 2.14 WRF 原始预报的月均方根误差

各站月均最大绝对误差主要在 200 W/m² 以上(图 2.15),夏季达到 400 W/m² 以上,特别是在 2021 年 6 月,涞源和涉县的最大绝对误差分别达到 900 W/m² 和 700 W/m²。当夏季辐照度有波动时,日内某时刻的绝对误差较大,15 min 级波动预报难度较大。

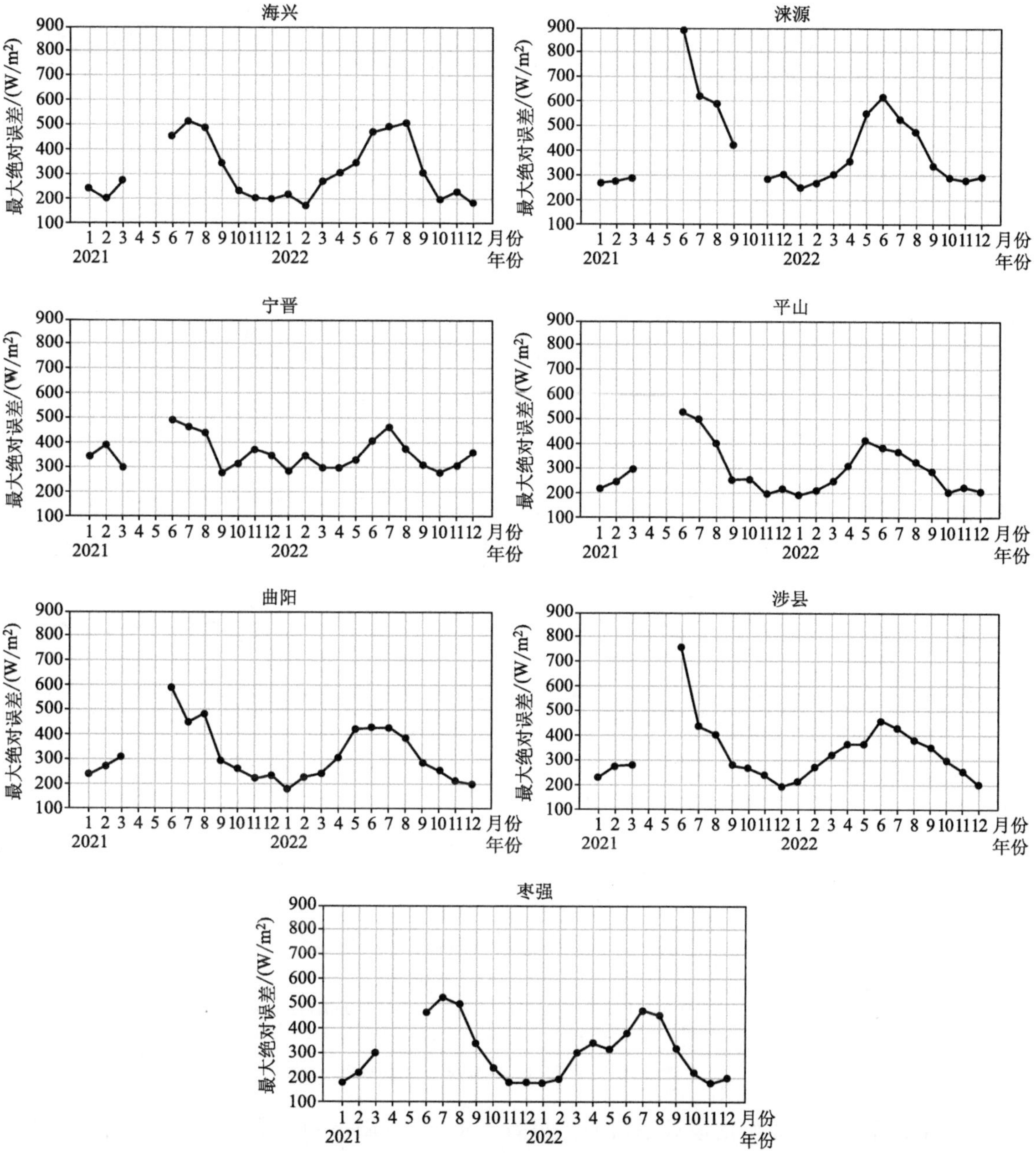

图 2.15 WRF 原始预报的月最大绝对误差

从误差率来看,枣强表现最好,除了夏季,其他各月份的误差率均在 0.15 左右(图 2.16)。宁晋和涞源相比其他站表现较差,宁晋月误差率浮动较大,为 0.12~0.37;涞源 2021 年 6 月的误差率达到 0.43。其他站各月误差率主要集中在 0.15~0.20。

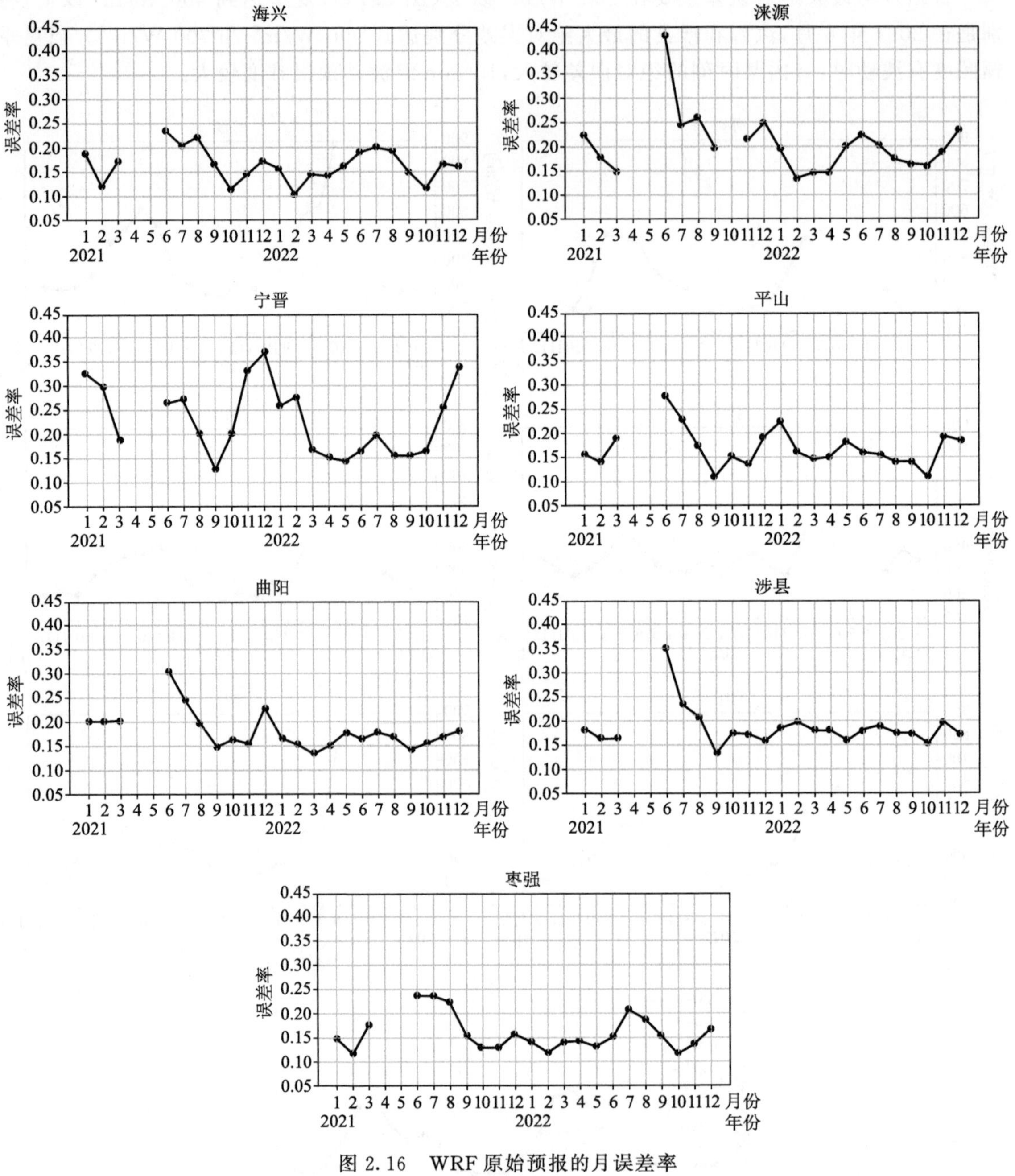

图 2.16　WRF 原始预报的月误差率

综合来看，WRF 原始预报对平山的预报效果最好，曲阳、涉县、枣强次之，宁晋均方根误差较小，但误差率较高，说明其全年波动天数较多。整体上，针对辐照度变化波动出现天数频繁、波动幅度较大的夏季，预报精度还不是很好。

② 集成预报误差分析

相比于 WRF 原始预报数值预报结果，基于统计方法的 EC 衍生预报的相关系数偏低(图 2.17)，而集成预报的相关系数高于 WRF 原始预报和 EC 衍生预报，因此集成预报的表现

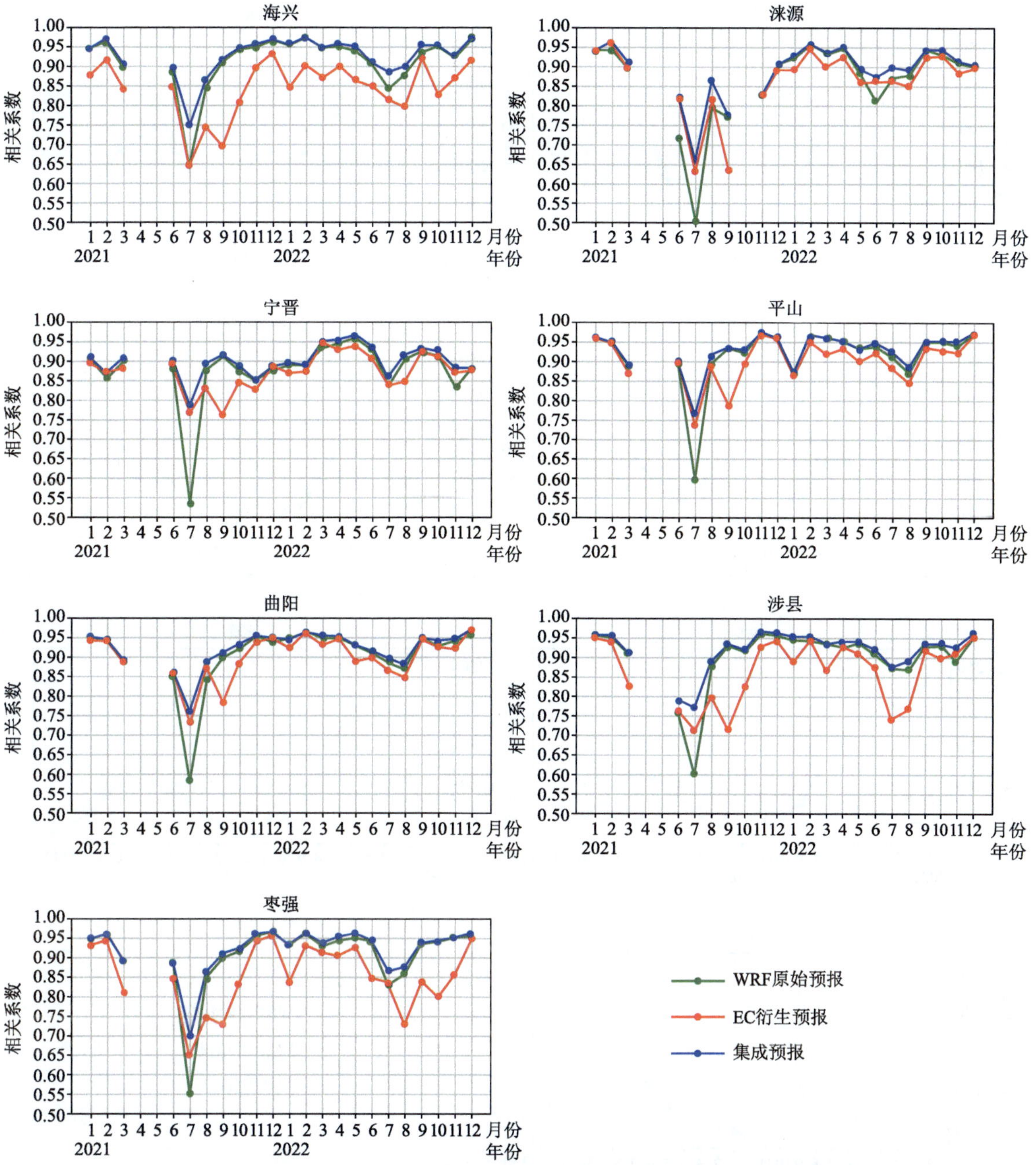

图 2.17 WRF 原始预报、EC 衍生预报与集成预报分别与实况的月相关系数

较原始和 EC 衍生预报有所提升，尤其是在夏季，集成预报较 WRF 原始预报在海兴、涞源两站可提升 5%左右。

从均方根误差来看(图 2.18)，EC 衍生预报在涞源、宁晋、平山和曲阳与 WRF 原始预报接近。集成预报的均方根误差低于 WRF 原始预报和 EC 衍生预报，特别是在宁晋、平山、涉县，宁晋提升最多，多数月份均方根误差降低接近 50 W/m^2，平山和涉县次之，2022 年 1—6 月降低接近 25 W/m^2，冬季误差减少约 4%。

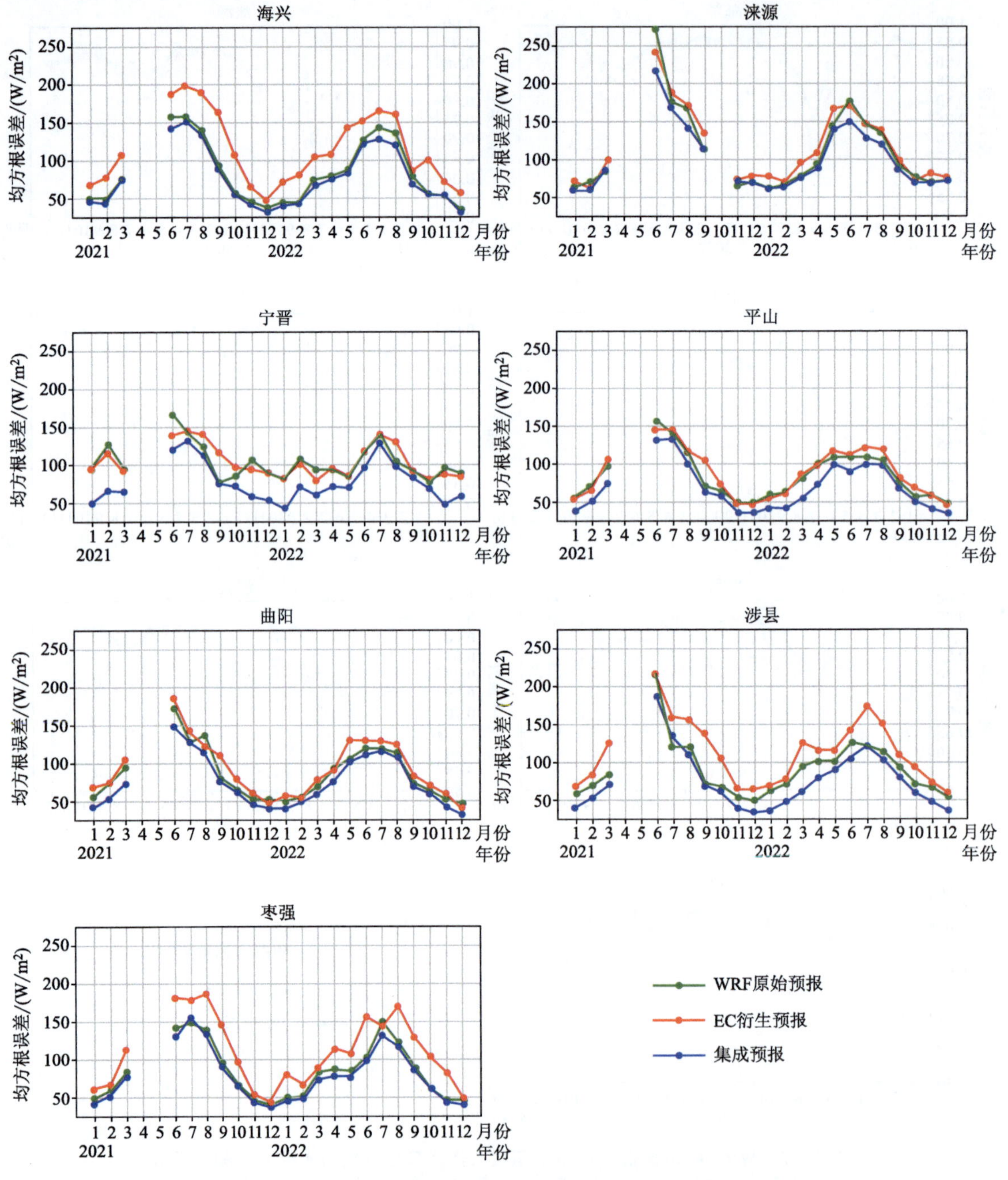

图 2.18 WRF 原始预报、EC 衍生预报与集成预报的月均方根误差

EC 衍生预报在海兴的月均最大绝对误差较 WRF 原始预报偏高 0～100 W/m²，涉县和枣强略偏高 0～80 W/m²，其他站 EC 衍生预报与 WRF 原始预报比较接近，两者绝对偏差低于 50 W/m²（图 2.19）。集成预报在宁晋、涉县、涞源提升相对明显，月最大绝对误差最大降低 200 W/m² 左右（宁晋站 2021 年 2 月），对曲阳站提升不太明显，但仍优于 WRF 原始预报。

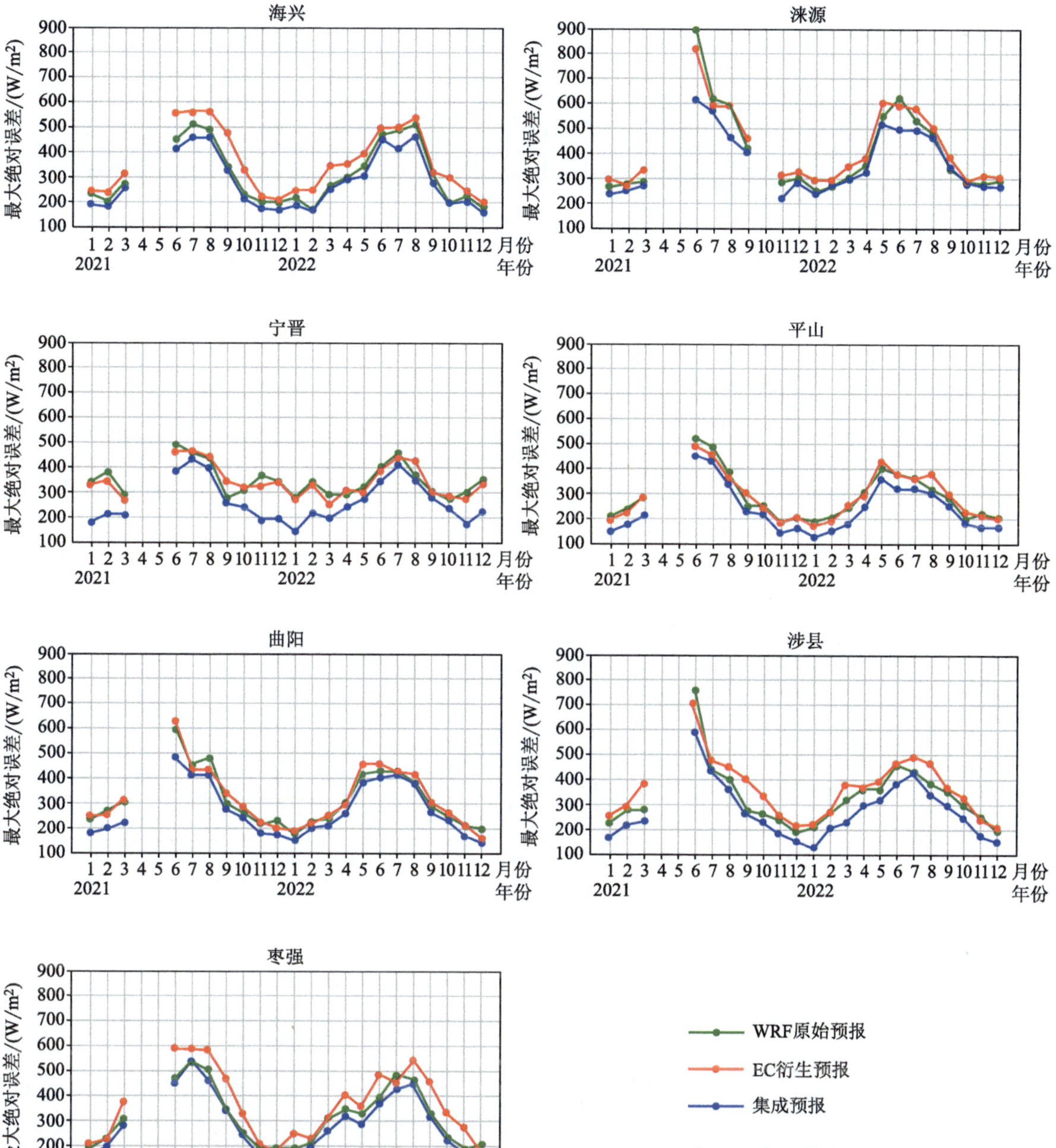

图 2.19　WRF 原始预报、EC 衍生预报与集成预报的月最大绝对误差

从误差率来看，EC 衍生预报在海兴、涉县、枣强均较 WRF 原始预报明显偏高，其他站接近（图 2.20）。集成预报相较 WRF 原始预报和 EC 衍生预报，除涉县略减小外，其他站均降低明显，宁晋部分月份降低 0.15 左右（2021 年 1 月、11 月、12 月，2022 年 11 月、12 月），其他大部分降低 0.05 左右。

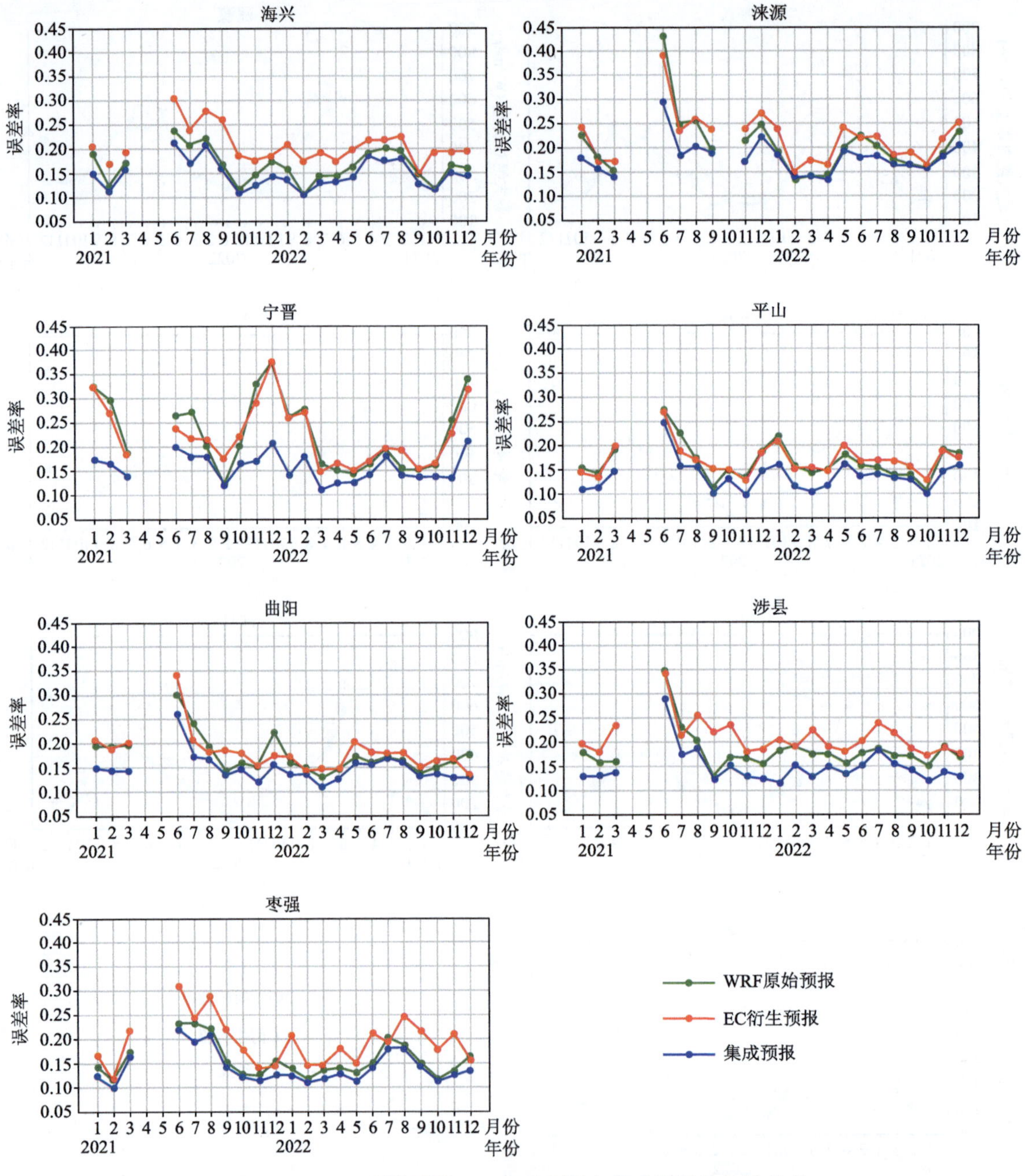

图 2.20　WRF 原始预报、EC 衍生预报与集成预报的月误差率

综合来看，EC 衍生预报作为独立于数值模式 WRF 原始预报的统计预报技术，有一定效果，多数情况是接近或差于 WRF 原始预报，少数月份优于 WRF 原始预报，但由于其方法的独立性，仍有很多预报有效信息。集成预报较 WRF 原始预报、EC 衍生预报均有提升，在误差率上表现为大部分站降低 0.05（表 2.9），折算为电站考核准确率提升为 4%～6%；宁晋站部分月份可降低 0.15，折算为电站考核准确率提升为 4%～6%。

表 2.9 预报误差(均方根误差)统计

时间(年-月)	WRF 原始预报							EC 衍生预报							集成预报						
	海兴	涞源	宁晋	平山	曲阳	涉县	枣强	海兴	涞源	宁晋	平山	曲阳	涉县	枣强	海兴	涞源	宁晋	平山	曲阳	涉县	枣强
2021-01	51.4	63.3	93.8	56.6	57.9	61.4	50.9	68.6	70.6	94.0	54.2	68.6	69.8	62.4	45.7	59.4	48.9	39.7	44.2	40.8	45.7
2021-02	48.1	68.8	127.5	70.6	75.0	70.5	59.8	75.7	61.9	116.3	66.3	74.9	83.1	67.3	44.3	59.2	67.3	51.5	53.1	53.3	53.2
2021-03	76.2	82.5	94.7	97.4	95.9	85.1	85.4	106.4	99.9	91.5	106.3	105.5	126.0	113.6	75.1	83.9	65.3	74.7	74.0	71.5	79.2
2021-06	156.5	276.5	166.8	156.4	173.3	215.2	143.3	187.2	241.1	139.1	145.6	186.4	216.4	181.7	141.4	213.7	120.2	131.9	150.1	187.4	132.2
2021-08	138.1	168.6	124.4	114.4	138.1	121.3	139.8	188.7	171.0	140.9	116.4	122.2	156.6	186.7	132.9	140.0	111.9	100.3	115.3	111.0	134.0
2021-09	93.3	112.0	77.2	70.9	80.1	72.2	96.0	163.8	135.0	116.5	105.3	111.2	138.6	146.2	88.4	113.0	75.0	64.0	77.0	69.7	91.0
2021-10	56.6	nan	86.1	66.4	65.8	68.2	67.4	107.2	nan	97.2	73.9	80.1	105.9	98.1	55.0	nan	72.1	59.1	62.4	61.7	66.1
2021-11	45.2	65.7	107.1	49.6	54.0	53.8	47.3	64.4	72.6	93.8	47.9	61.4	66.9	55.4	41.6	71.6	58.1	36.3	45.5	40.1	45.0
2021-12	37.5	70.7	88.4	49.3	53.0	49.1	43.3	46.5	78.9	88.7	48.1	48.7	65.5	45.0	32.2	69.7	53.7	37.0	40.7	35.1	39.4
2022-01	43.7	62.7	82.1	58.1	50.9	62.7	51.6	71.6	77.6	81.5	54.9	58.0	70.2	81.6	39.9	61.7	43.1	43.0	40.9	36.9	46.6
2022-02	43.4	65.6	108.0	62.8	56.5	72.4	52.9	80.8	69.9	102.2	61.1	55.3	79.2	67.8	42.6	63.2	71.1	41.3	50.2	49.3	51.7
2022-03	74.5	76.6	93.8	81.8	70.3	95.4	85.8	105.0	95.1	78.0	85.4	78.9	127.0	90.0	68.5	76.6	60.7	54.3	59.6	61.6	74.6
2022-04	79.8	93.5	93.8	99.7	93.2	102.4	88.4	106.9	108.1	96.5	97.2	91.1	116.7	114.7	76.0	88.4	71.7	72.5	76.7	80.8	79.1
2022-05	87.1	144.2	84.9	109.2	106.5	101.2	86.0	142.5	166.6	86.5	116.6	130.5	116.6	109.4	81.9	139.3	70.2	98.9	102.8	91.2	77.9
2022-06	125.3	176.4	116.9	108.7	120.1	126.9	103.3	151.9	170.2	118.4	111.9	130.4	142.0	156.7	121.3	149.6	96.4	91.1	112.1	106.4	99.5
2022-07	144.0	146.8	140.2	108.1	119.5	121.7	151.3	164.1	146.6	139.9	122.4	128.9	174.4	145.2	127.2	127.1	128.9	100.0	116.9	121.3	132.6
2022-08	136.3	134.8	103.9	104.2	114.5	114.4	123.8	160.8	138.3	130.1	119.5	125.1	151.0	170.3	120.3	120.7	97.8	98.3	108.4	104.7	117.1
2022-09	79.6	91.6	92.1	75.5	73.3	93.5	89.8	85.6	98.1	89.2	81.7	83.2	110.4	130.5	69.4	87.0	83.5	67.9	69.7	80.6	86.4
2022-10	55.0	76.4	76.7	56.8	65.5	72.2	62.6	101.0	73.0	81.2	68.4	71.1	93.7	104.9	55.2	68.8	68.0	51.7	60.2	60.8	62.4
2022-11	54.4	69.4	95.7	59.0	54.8	68.8	47.2	71.6	80.8	87.4	59.8	60.0	74.2	82.5	52.0	68.9	47.3	42.4	42.7	48.9	44.9
2022-12	35.7	73.1	89.2	48.3	46.6	54.9	47.0	56.7	76.6	84.2	46.3	40.8	60.8	50.4	32.8	70.6	58.9	35.7	33.4	37.9	42.7

注:“nan”代表由于缺少计算所需的数据无法得到数值计算结果,表示无实际意义或该月值不可参考。

2.3 风能发电功率预测技术

受风资源特性影响，风电具有随机性、间歇性和不确定性特征。为解决风电不确定性与电力系统安全运行矛盾凸显难题，世界各国陆续开展风电功率预测技术研究，国际上区域级短期风电功率预测均方根误差达到5%～6%(Ernst et al.，2007)。

风电功率理论上与风速存在以下关系：

$$E=\frac{1}{2}S\rho v^3$$

式中：E 为发电功率；S 为风机叶片面积；ρ 为空气密度；v 为风速。

从风电站实测数据来看，风电功率随风速近似呈“S”形曲线(图2.21)，风速4 m/s以下为风电低发或无发区，12 m/s基本达到满发。仍存在同一风速下，实发功率分布跨度较大等情况，这与测风塔数据无法完全代表风电站所有风机风速有关，也受空气密度、设备、地形不同等情况影响。

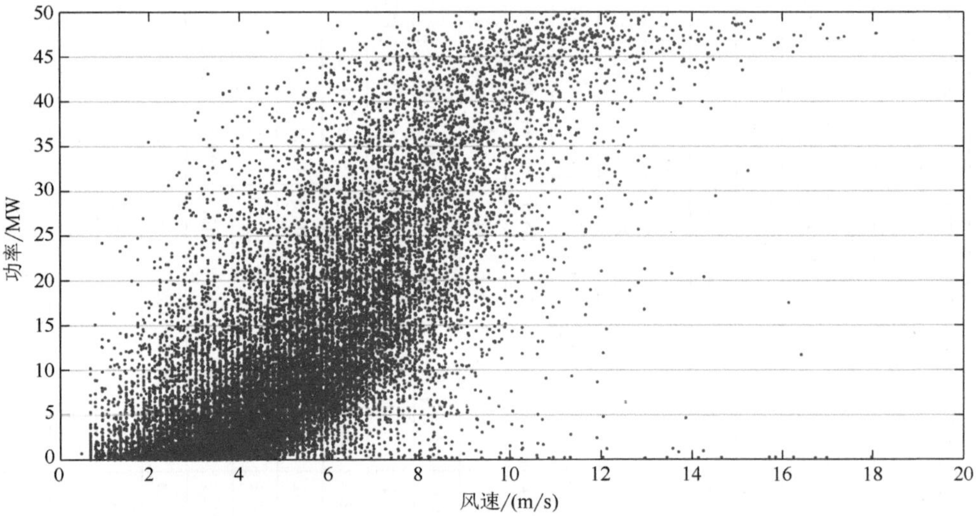

图2.21 风电功率随风速变化曲线

为模拟风电功率与风速之间的关系模型，分段模型是一种常用且适用的方法：

$$p_i=\begin{cases}0 & 0\leqslant v_i\leqslant V_{\text{low}}\\ p(v_i) & V_{\text{low}}<v_i<V_{\text{up}}\\ p_{\text{up}} & v_i\geqslant V_{\text{up}}\end{cases}$$

式中：V_{low} 一般为风机运转的切出风速；V_{up} 为风电功率不断增大，整体开始趋于稳定值时的初始风速；p_{up} 为风电功率的上限值；p_i 与 v_i 分别为风电功率与风速值；$p(v_i)$为风功率转换模型。

围绕解决风功率转换模型的输入、模型建立、优化和评估问题，成熟的风电功率预测体系一般包含数值天气预报(numerical weather prediction，NWP)、风功率转换模型、预测评价和模型优化、预测结果应用等关键技术(孙荣富 等，2021)以及物理、统计两大类预测方法(乔颖等,2017)。一般来讲,NWP 主要应用于物理方法中,统计方法主要涉及 NWP 以外的 3 项技术。

物理方法,以 NWP 作为输入,风电实际功率作为输出,建立风功率转换模型。提升预测精度的路线,一种为提升风电场区域 NWP 的精度,包括更快、更多的同化区域资料、增加算力加频更新预报、优化数值预报模式参数化方案、多集合成员预测等;另一种为增加风功率转换模型的复杂度,包括输入更多的 NWP 模式或单一 NWP 更多的气象变量、增加单一预测模型的广度或深度、多种预测模型的集成等。

统计方法,以历史风电功率、风、湿度等实际观测数据作为输入,风电功率作为输出,建立风功率预测模型。提升精度的路线,一种为围绕单点(单场站、单集群等)的数据不断发展单预测模型或组合预测模型等;另一种为增加输入维度,如考虑传导效应的多站时空协同预测、天气预警的引入等。

综上所述,风功率预测关键是输入和预测模型。预测模型以 NWP 为输入则为物理方法,以历史实际观测数据为输入则为统计方法,前者对空间上大范围的天气过程、风速的突变往往更有效,后者则对预测区域的特殊天气特征具备提取能力。根据输入、模型自身带来的风电预测模型复杂度,风电预测模型具有多种预测方法。

2.3.1　传统外推预测方法

传统外推预测方法如持续法、自回归移动平均(auto-regressive and moving average, ARMA)法等,采用线性回归类模型根据风电场发电功率的历史序列特征,预测未来时刻风电场的输出功率。

持续法以当前时刻实测功率值作为未来时刻的预测功率(Alexiadis et al. ,1998),ARMA 方法(Erdem et al. ,2011)以临近若干时刻实际功率预测未来时刻功率。两种方法建模简单,适用于 0～2 h 短时尺度,难以应对阵风、突变风等非平稳突变状况,同时其预测精度会随着时间增加而下降,因此只适合超短期风电功率的预测。

2.3.2　机器学习预测方法

机器学习方法较传统外推预测方法非线性特征表达能力更强,复杂度更高,包括支持向量机(support vector machine, SVM)、树模型(Tree)、神经网络模型(neural networks,NN)、组合预测模型等。

SVM 建立在 VC(Vapnik-Chervonenkis)维理论基础上,通过核函数实现将输入特征映射到高维空间,使得原始特征空间中的非线性问题在高维空间中变得线性可分,可有效解决风电功率预测问题。田淑慧等(2018)提出了一种基于经验模态分解(EMD)的粒子群算法(PSO)优化支持向量机(SVM)功率短期预测模型,将 EMD 分解后的各个风速序列分量通过 PSO-SVM 模型预测,将得到的各分量预测结果叠加后得到风速预测值,将该值输入功率转化曲线,即可得到最终的风电功率预测结果,有效提高了短期风电功率的预测精度。史彭珍等(2024)建立了一种基于变分模态分解(VMD)和蝴蝶优化算法(BOA)优化最小二乘支持向量机(LSSVM)的风电功率短期预测模型,通过变分模态分解将原始功率信号数据分解多个子序列,利用蝴蝶优化算法优化最小二乘支持向量机组合预测模型对每个子序列进行预测,最后采用自适应校正算法 AdaBoost 将多个分量预测值重构得到最终的预测值,在两步、四步预测的均方根误差分别为 0.2451 MW、0.2582 MW。但 SVM 参数的选取依赖经验判断，因此存在一定的随意性。

Tree 模型的数学本质是"分段函数"，通过依次地选择特征、确定特征阈值做划分的内部节点及最终输出叶子节点的数值或类别结果，树模型包括决策树以及集成学习方法随机森林、XGBoost 等。李国等(2018)提出了一种基于提升回归树与随机森林的风电功率集成预测方法，利用提升回归树建立初始预测模型，采用随机森林算法初始预测模型残差进行学习，两模型组合得到最终预测，归一化后预测结果显示，均方根误差为 0.1488，可以有效地提取数据中的特征信息。

NN 模型包括反向传播网络(back propagation，BP)、径向基函数网络(radial basis function，RBF)、广义回归网络(general regression，GR)，以及进一步发展出的卷积神经网络(convolutional neural networks，CNN)、图神经网络(graph neural network，GNN)、神经生成网络(neural generative networks，NGN)，更具体的又有 LSTM、Transformer、U-net、对抗生成网络(GAN)、自分编码器(AVE)、Diffusion 等，输入输出的多种处理技术、多种网络组合运用、多层网络连接形成目前流行的深度学习技术，但其底层均涉及神经网络。李练兵等(2024)改进解码器的多头注意力层来提取风电数据的周期和趋势特征，采用 Transformer 方法实现了日前风电功率预测，在不同季节预测效果准确且稳定，春、夏、秋、冬平均相对误差分别为 1.314%、1.105%、1.947%和 1.452%。

2.4 太阳能发电功率预测技术

2.4.1 理论法

光伏功率发电理论方法综合考虑了光伏板表面积、转换效率、太阳辐射强度和系统性能等多个因素(陈正洪 等，2011)，计算方法简单易行，在无实际出力数据情况下仍可提供较为准确的功率预测，对于新建光伏站、太阳能资源评估均有实用价值。

2.4.1.1 模型介绍

光伏发电功率 P 的理论计算公式为

$$P = GSN_0N_1N_2/10^6$$

式中：G 为倾斜面辐射度(W/m^2)；S 为光伏组件有效面积(m^2)；N_0 为光伏组件转化效率；N_1 为光伏电站系统总效率；N_2 为季节转化效率。

N_0 的表达式为

$$N_0 = \eta_s[1 - \alpha(T_c - 25\ ℃)]$$

其中

$$T_c = T_a + \frac{\mathrm{NOCT} - 20}{800}G$$

式中：η_s 为太阳能电池厂商提供的标准测试条件下的光电转换效率，对于商用的光伏组件，晶体硅电池为 12%～18%，非晶硅薄膜电池为 5%～8%，CIGS 薄膜电池为 5%～11%；α 为温度系数($℃^{-1}$)，与太阳能电池材料有关，对于晶体硅材料，α 取值为 0.0035～0.0045 $℃^{-1}$，非晶硅电池一般为 0.002；T_c 为阵列板温(℃)；T_a 为气温(℃)；NOCT 为额定太阳能电池工作温度，与电池组件包装密度有关，通常为 41～48 ℃，晶体硅取 47 ℃，用于气候学分析时，NOCT

对于年发电量误差不大。

N_1 为光伏电站系统总效率，其表达式为

$$N_1 = \eta K_1 K_2 K_3 K_4 K_5$$

其中

$$K_1 = 1 - k \times y_a$$

式中：η 为并网逆变器转换效率，具有明显的日、月变化和地区特性，一般在计算年总量、制定规划时取逆变器标称的静态效率常数，国产设备一般取 0.80～0.95，进口设备一般取 0.90～0.95；K_1 为光伏阵列老化损失系数；K_2 为光伏阵列失配损失系数，可取 0.95～0.98；K_3 为尘埃遮挡损失系数，可取 0.90～0.95；K_4 为直流回路线路损失系数，可取 0.95～0.98；K_5 为交流回路线路损失系数，可取 0.95～0.98；k 为并网光伏电站投入使用的年数；y_a 为不同太阳能电池材料年衰减率，一般按年 1%～1.1% 衰减计算，晶体硅电池取 1%，非晶电池取 1.1%。N_1 地面电站在 75%～85%，屋顶电站和低压并网系统在 80%～85%，高压并网系统在 75%～80%。

N_2 为季节转化效率，从正北沟、易县、皇寺几个站来看，同样天气情况下，夏季与冬季的最大辐照度可相差接近 1 倍，但最大发电功率差别相差不大，用 N_2 予以调整：

$$N_2 = 1 + (1 - \mathrm{Tim}/180)^2$$

式中：Tim 为预报日期对应当年的第 Tim 天（最大值为 361）。

假设装机容量为 P_0，一般情况下，$P_{max} \leqslant 0.85P_0$。

2.4.1.2　结果分析

以河北承德某电站数据为例，结果如图 2.22 所示。从模拟结果来看，在无历史实况数据参考的情况下，预测结果与实际曲线走势相近，虽然精准度略有不足，但其结果仍可达到 85% 以上准确率。

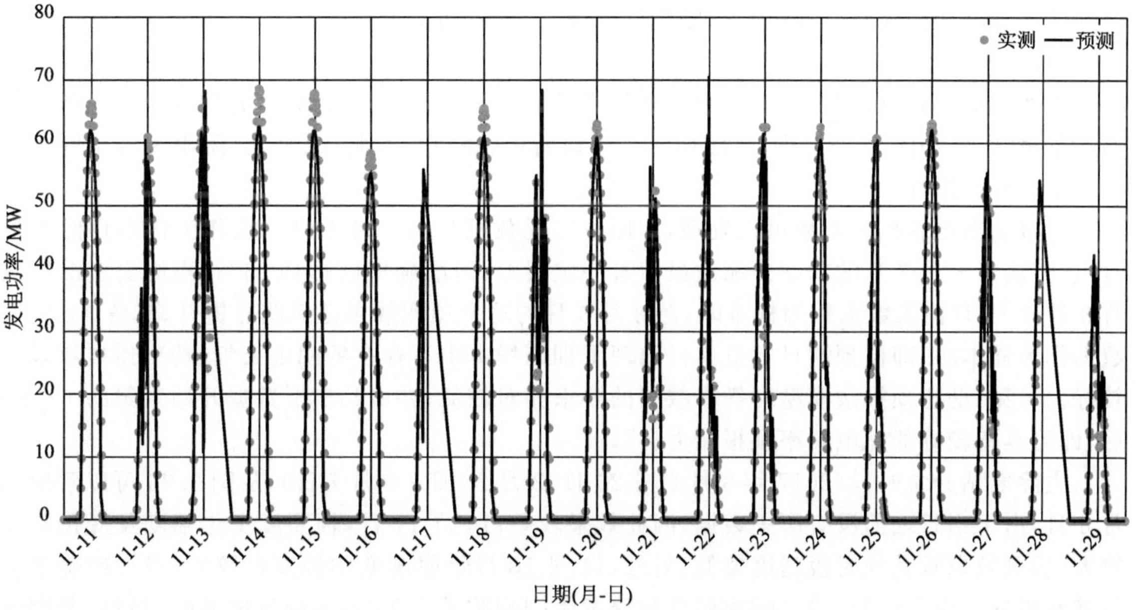

图 2.22　理论法光伏出力预测曲线

2.4.2 动态预报法

2.4.2.1 模型介绍

由 2.4.1 节太阳能发电原理可知：

$$P = GSN_0N_1N_2/10^6$$
$$= SG\eta_s[1-\alpha(T_a+\frac{\mathrm{NOCT}-20}{800}G-25\ ℃)]N_1N_2/10^6$$

对于任一确定的光伏电站，短时间段内，S、η_s、α、NOCT、N_1、N_2 变化不大，假定以上参数为常数，简化发电功率公式，则有

$$P = G(\beta_1G+\beta_2T_a+\beta_3)$$

式中：β_1、β_2、β_3 理论公式如下，反映了光伏电站短期内发电特性，可以通过模型训练直接得到。

$$\beta_1 = -S\eta_s\alpha\frac{\mathrm{NOCT}-20}{800}N_1N_2/10^6$$
$$\beta_2 = -S\eta_s\alpha N_1N_2/10^6$$
$$\beta_3 = S\eta_s(1+25\alpha)N_1N_2/10^6$$

根据辐照度 G、T_a 的阈值及

$$\beta_1G:\beta_2T_a:\beta_3 = -S\eta_s\alpha\frac{\mathrm{NOCT}-20}{800}N_1N_2/10^6\times G:-S\eta_s\alpha T_aN_1N_2/10^6:$$
$$S\eta_s(1+25\alpha)N_1N_2/10^6$$
$$\approx -1.35\times10^{-4}G:-4\times10^{-3}T_a:1.1$$

可知，P 与辐照度 G 主要为线性趋势，扰动项与气温 T_a 及 G^2 相关。

通过近期历史样本数据，可训练得到 β_1、β_2、β_3，并利用新的预报数值预报资料作为输入，得到光伏发电功率预测。通过动态更新模型参数，形成动态预报法。

2.4.2.2 结果分析

以河北承德某电站数据为例，当具有预报日前 7 天电站实况数据时，分别分析三次典型个例的预报效果，如图 2.23—图 2.25 所示。可以看出，该模型在晴天、多云、阴雨天等不同天气状况下均有适用性。

通过动态更新模型参数可以发现，当历史实况数据只有 8 月 6 日一天作为样本训练数据时，该方法对 8 月 7 日的功率预测值虽然有一定误差，但准确率已达到 85%；当历史实况数据有 8 月 6—7 日两天数据作为样本时，对 8 月 8 日的功率预测效果已经明显提升，具备 3 d 实况数据作为样本时，即使预测日 8 月 9 日出现了训练样本中不存在的阴雨天气，功率预报效果也较好。可见，动态预报法模型对样本数据的要求相对较低，在电站实况数据开始采集的 1～3 d 后，即可具备较好的光电功率预报能力。

去除电站异常时段（2017 年 8 月 25—26 日，8 月 28 日—9 月 7 日），从图 2.26 可以看出，8 月 6 日，由于当日之前没有历史数据，因此效果较差；10 月 11 日，辐照度变化幅度及变化频率较大，预测效果较其他时段精度偏低；另外，11 月 10 日辐照度变化幅度也较大，当天准确率也较其他略低。由此可知，当实际辐照度频繁发生剧烈波动变化时，实际发电的响应较辐照度要偏弱，又由于数值预报辐照度较实况要相对平滑，因此 10 月 11 日和 11 月 10 日两日的情况在

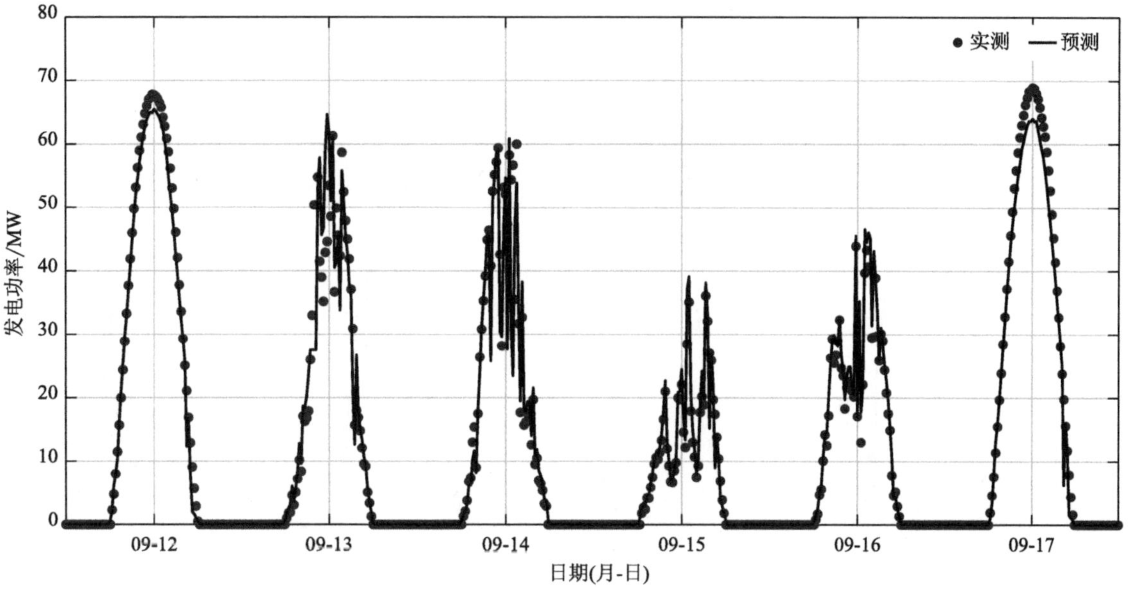

图 2.23　2017 年 9 月 12—17 日动态预报法光电出力预测曲线

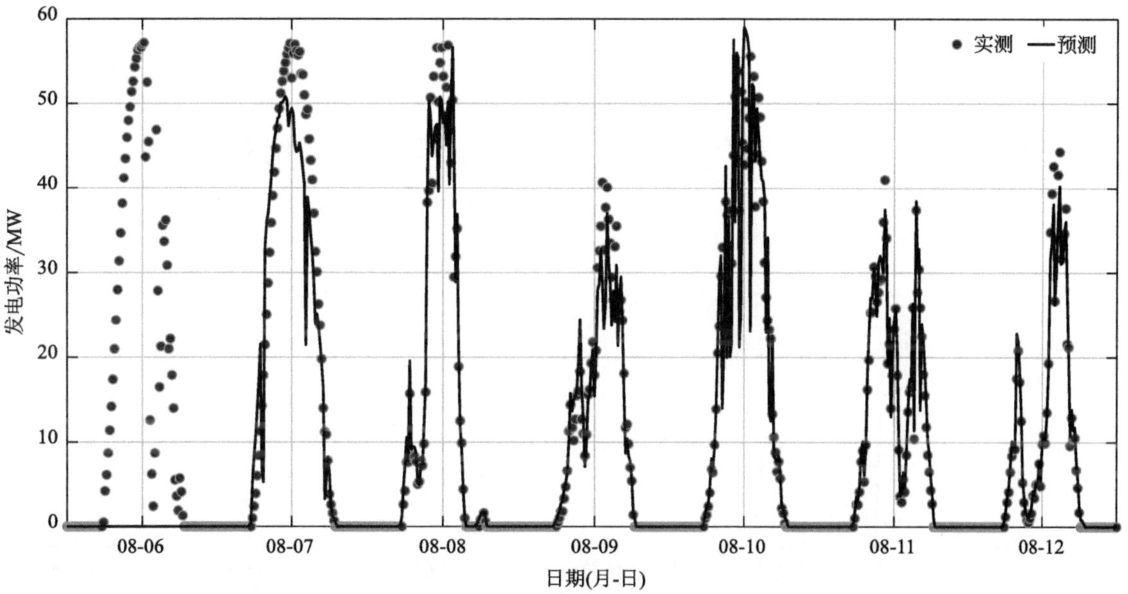

图 2.24　2017 年 8 月 6—12 日动态预报法光电出力预测曲线

实际发电功率预测时会有一定的消除。除此之外，大部分时段辐照度转换成发电功率的转化值合格率保证在 95%以上，准确率在 92%以上。

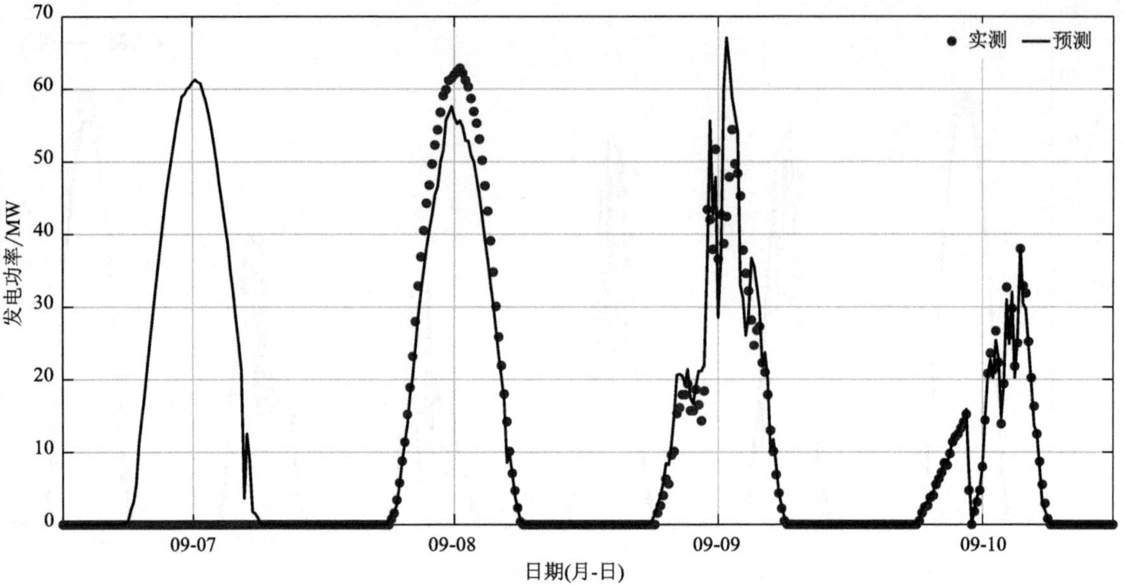

图 2.25　2017 年 9 月 7—10 日动态预报法光电出力预测曲线

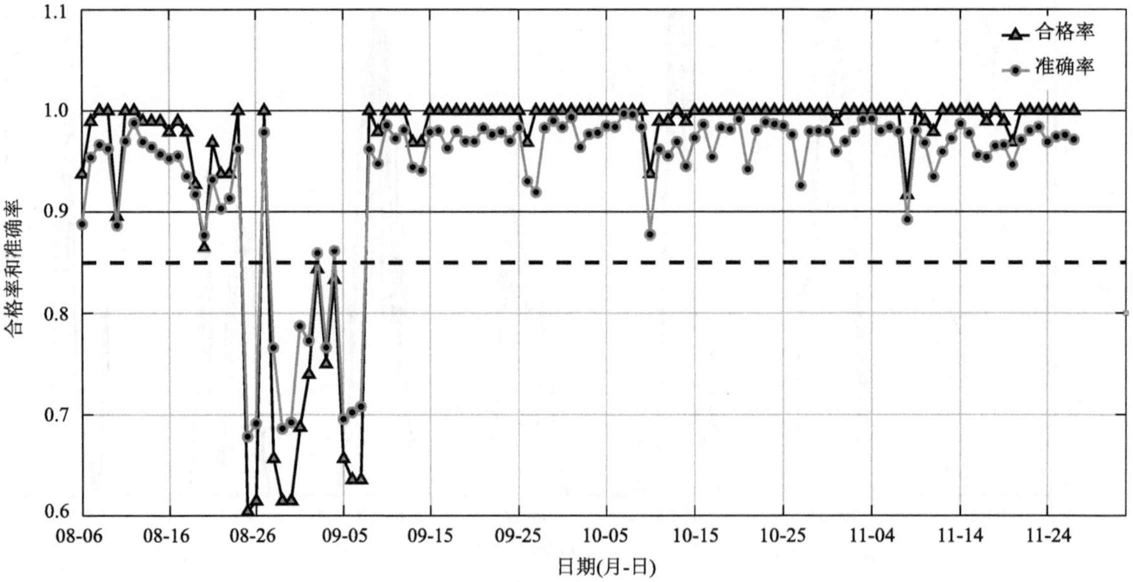

图 2.26　动态预报法合格率和准确率曲线

（数值 1 的线代表准确率或合格率达到 100%，为理论上最大值；数值 0.9 的线为准确率 90%的阈值线，一般是电网对光伏超短期预测要求达到的指标；数值 0.85 的黑虚线为准确率 85%的阈值线，一般是电网对光伏短期预测要求达到的指标）

第 3 章　火力发电用电负荷气象预测技术

3.1　用电负荷分布特征

3.1.1　用电负荷年际变化

以河北某市为例，绘制 2013—2022 年逐日用电负荷峰值时间序列(图 3.1)。由图可见，过去 10 年，河北某市用电负荷呈明显上升趋势。2013 年河北某市逐日用电负荷峰值平均为 5451 MW，2022 年增长至 6810 MW，增幅近 25%；这种用电负荷峰值显著增长的趋势与社会经济发展和人们生活水平提升密不可分。进一步分析 2014—2019 年不同季节河北某市日最大用电负荷变化(图 3.2)，可见，2014—2016 年河北某市日最大用电负荷总体趋势变化不大，线性倾向率为 0.1045 MW/d，2017—2019 年日最大用电负荷上升趋势明显，线性倾向率为 1.0707 MW/d，两个时间段的线性倾向率相差近 10 倍，说明近 5 年河北某市用电负荷增长显著。

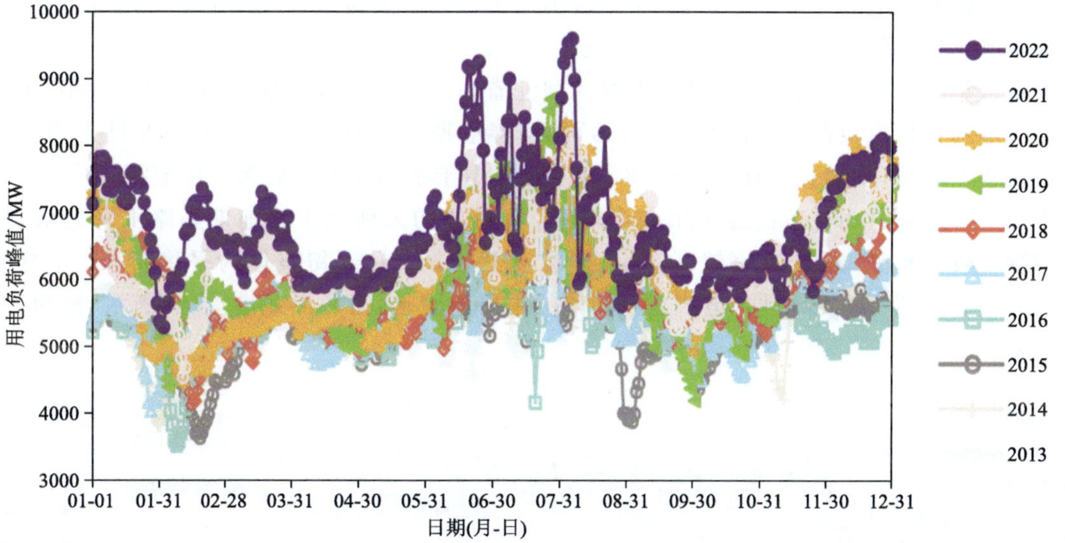

图 3.1　2013—2022 年河北某市逐日用电负荷峰值时间序列

3.1.2　用电负荷月际变化

由图 3.1 可见，年度负荷呈"三峰两谷"型分布，各年度日用电负荷峰值趋势变化非常相似，阶段性的高峰期和低谷期出现的时段也很接近。各年度都存在两个明显的用电负荷低谷期，第一个日用电负荷峰值低谷期基本出现在 1 月下旬—2 月上中旬，第二个低谷期出现在 9

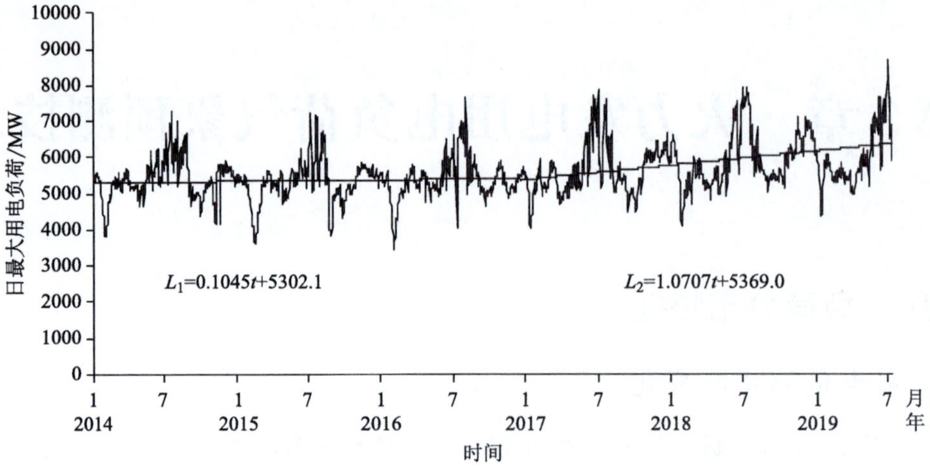

图 3.2 2014—2019 年河北某市逐日最大用电负荷变化

（L_1 和 L_2 分别表示用最小二乘法求得的 2014—2016 年和 2017—2019 年用电负荷的线性变化趋势，罗森波 等，2007）

月末—10 月初。均有三个用电负荷峰值阶段，第一个高峰期基本出现在 3 月下旬—5 月上旬，第二个高峰期在 6 月下旬—8 月中旬，第三个高峰期出现在 11 月中旬—次年 1 月中旬。经调研和分析发现，两个低谷期分别对应每年的春节假期和“十一”黄金周，工业用电量的明显减少是造成这两个用电负荷低谷期的主要原因。而三个高峰期分别对应春季灌溉高峰期、夏季高温高湿空调制冷期和冬季采暖期，其中采暖前期的 1 月较采暖接近尾声的 3 月用电负荷高，这是由于河北省一年中的最低气温基本出现在 1 月。

将每年的 3—5 月用电负荷高峰期视为河北省南部电网的春灌期。由 2007—2010 年河北省南部电网日用电负荷峰值曲线（图 3.3）可见，春灌期内 3 月 20 日—4 月 7/8 日为用电负荷峰值快速上涨期，日增长率在 2%～5%，这主要是由于冬小麦返青后第一次灌溉造成的。4 月上中旬交替之时日用电负荷迎来第一个峰值。4 月中旬末期到下旬前期呈略下降趋势，但整体持续在较高水平，逐日变化较小，呈小幅波动状态。4 月下旬整体为平稳阶段。4 月底—5 月 8 日前后，为第二峰值期，造成这个峰值的主要原因是，河北黑龙港流域（衡水、沧州、邢台

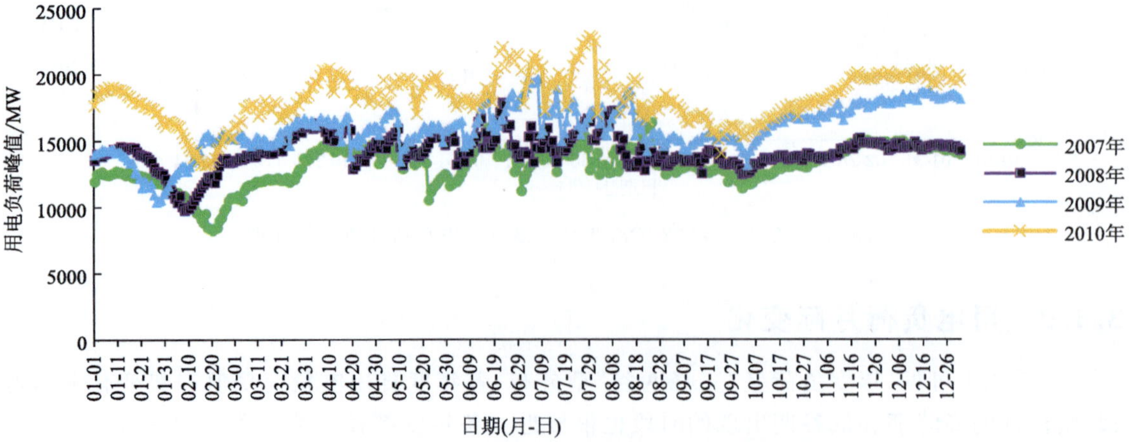

图 3.3 2007—2010 年河北南网全网日用电负荷峰值分布

东部、邯郸东部一带)棉花种植面积占全省的 90%,4 月下旬棉花春播之前需要浇灌白地。之后用电负荷有较大幅度的下降。

由图 3.4 可见,一年中各月负荷也呈现波动特征,夏季(6—8 月)用电负荷最高,其中 7 月出现最大值,冬季的 12 月和 1 月也相对较高,而 2 月和 10 月是用电负荷低谷期。

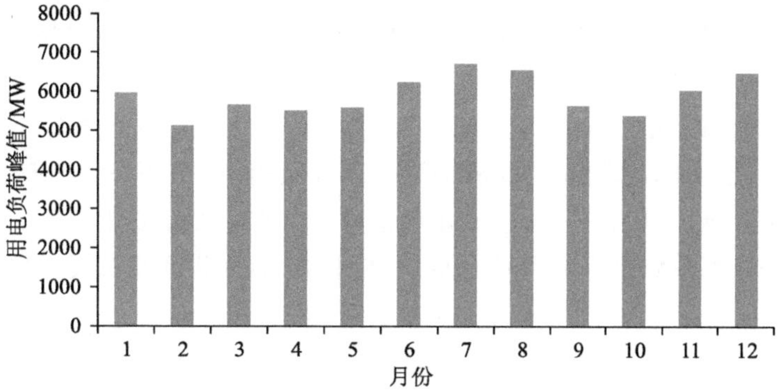

图 3.4　2013—2022 年河北某市月平均用电负荷峰值分布

3.1.3　用电负荷日变化

图 3.5 为 2013—2022 年河北某市用电负荷峰值日变化曲线,由图可见,在一天当中,用电负荷呈现"双峰双谷"型。06 时负荷开始增大,且 06:00—08:00 增长幅度较快,各个时次较上一个时次的增长比例都在 5%以上。11:00 达到一天中第一个峰值。之后出现"午间效应",负荷开始降低,13:00 为白天时段最低。下午用电负荷再次上涨,到 18 时左右再次出现峰值,且这个峰值略高于 11:00。前半夜缓慢下降,22:00—00:00 下降明显,降幅再次超过 5%,之后平缓下降。有研究发现,负荷的日变化除受温度的影响之外,还受居民生活习惯、电价等因素影响。

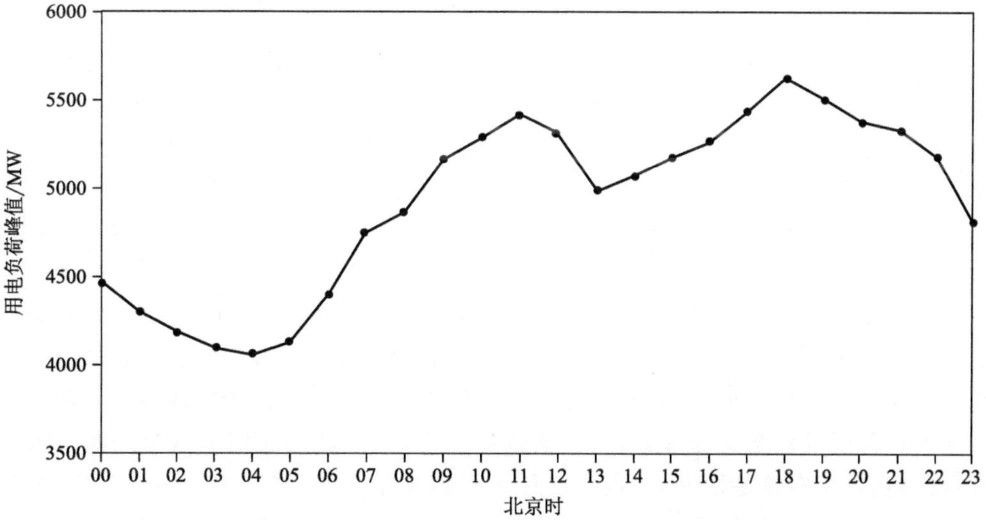

图 3.5　2013—2022 年河北某市用电负荷峰值日变化曲线

3.1.4 日最大用电负荷的周变化和法定节假日分布特征

从 2017—2018 年河北某市日最大用电负荷中剔除法定节假日期间的负荷数据，按周一至周日求平均得到最大用电负荷的周变化(图 3.6)。可以看出，周一至周三，日最大用电负荷呈上升趋势，周三最高，其后开始下降，尤其是周六和周日下降明显，周日最低，周内最高值和最低值相差 88 MW。“煤改电”政策推行前，日最大用电负荷周一至周三变化不大，周四开始增长，周五达到顶峰，周六开始下降，周日达到最低(武辉芹 等，2013)。“煤改电”前后日最大用电负荷周变化特征既有相似又有差异，相同点是周六、周日负荷均是持续下降，周日最低；不同点是最高值出现时间不同，“煤改电”以前是周五，“煤改电”后是周三。日最大用电负荷周末下降原因与河北某市产业结构相关，根据统计年鉴可知，河北某市工业、事业单位的用电量占总用电量的 70%左右，大多数企事业单位在周末休息，所以用电负荷在周末出现明显下降。

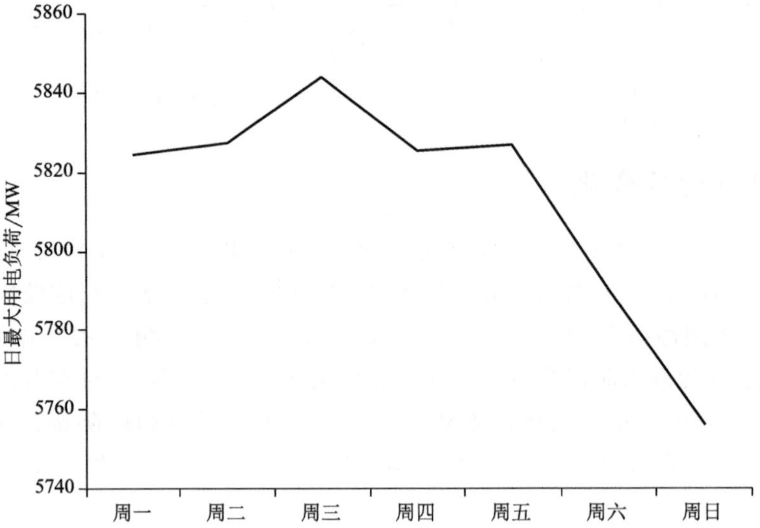

图 3.6 2017—2018 年河北某市日最大用电负荷周变化

由于日最大用电负荷具有明显的年变化和周变化，应剔除其影响，才能更好地体现法定假日日最大用电负荷的变化特征，因此，将 2017—2018 年河北某市法定假日前一周的日最大用电负荷平均值作为法定假日期间的标准负荷，法定假日期间的日最大用电负荷平均值减去标准负荷，再按不同法定节假日求平均，得到法定节假日期间用电负荷的变化(表 3.1)。可以看出，元旦和端午期间的日最大用电负荷变化为正，说明这两个法定假日期间日最大用电负荷高于标准负荷，分析发现，端午法定假日为 2017 年 5 月 28—30 日和 2018 年 6 月 16—18 日，在此期间河北某市日最高气温可达 32 ℃以上，达到夏季空调用电负荷增长的初始气温敏感点，用电负荷变化受气象因子影响明显，放假对用电负荷的影响相对较弱，在其他法定假日期间日最大用电负荷均低于标准负荷，尤其是春节期间最为明显。春节作为中国最重要的传统节日，日最大用电负荷受其影响尤为显著，一般从腊月二十左右，日最大用电负荷开始下降，正月初一达到最低，初六左右开始回升，一直到正月十五后变化平稳，其原因是一些单位，如学校、建筑企业大多是在正月十五以后才正式上班，春节期间用电负荷与腊月二十以前的一周相比，下降 1587 MW 左右。

表 3.1 2017—2018 年河北某市法定假日期间日最大用电负荷变化 单位:MW

元旦	春节	清明	“五一”	端午	国庆	中秋
43.95	−796.57	−148.41	−130.17	175.12	−239.71	−481.071

3.2 用电负荷与气象条件的关系分析

3.2.1 春灌期日用电负荷峰值变幅特征及对应气象条件

图 3.7 为 2007—2010 年日用电负荷峰值较前一日用电负荷峰值的变幅分布情况,由图可见,日用电负荷峰值的逐日变幅(指绝对值,下同)主要集中在 5%以内,占样本总数的 90.38%。其中,变幅在 2%以内的占总数的 30.77%,2%～5%的占 59.62%,5%～10%的占 7.97%,≥10%的仅占 1.65%。

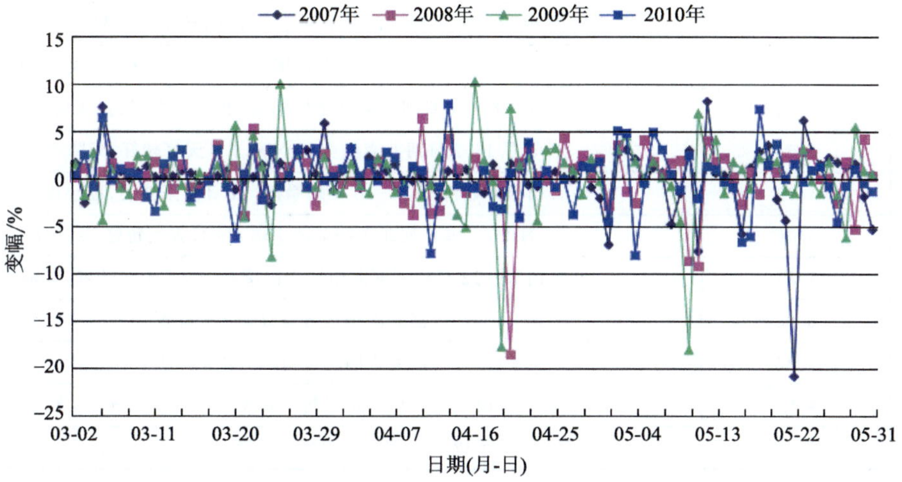

图 3.7 2007—2010 年河北某电网全网日用电负荷峰值逐日变幅分布

对 2009—2010 年春季 3—5 月河北南部电网区域用电负荷峰值较前一日的变幅与逐日气象条件进行对比分析,共 184 个样本,其中日用电负荷峰值较前一日变幅>4%的有 21 个(表 3.2)。由表可见,其中 8 个日用电负荷峰值降幅>4%的个例中,有 7 个对应河北南部电网区域全区降雨,且降雨量越大,用电负荷峰值下降越明显。以 2009 年 5 月 10 日为例,河北南部电网区域平均降雨量 36.5 mm,大部分地区出现暴雨,邢台本站降雨量达 177.6 mm,该日用电负荷峰值较 5 月 9 日下降 18.08%。通过翻查 2007—2010 年逐日气象资料发现,南网全区出现降雨时,日用电负荷峰值的变化均呈下降趋势,只是有的降幅较小,没有达到 4%。另外,大风沙尘天气也会导致用电负荷峰值的下降。从 13 个日用电负荷峰值涨幅>4%的个例可以看出,当河北南部电网区域出现大范围降雨后,降雨结束之日用电负荷明显上涨;当出现大范围强降雨后,雨量明显减小之日(2009 年 5 月 11 日)用电负荷也会上涨,但是涨幅较降雨完全结束的情况小。

表 3.2　2009—2010 年春季日用电负荷峰值变幅与天气状况对照

日期（年-月-日）	日用电负荷峰值较前一日变化幅度/%	天气状况
2009-03-24	−8.24	河北南网全区降雨，平均降雨量 5.5 mm
2009-04-19	−17.75	河北南网全区降雨，平均降雨量 14.8 mm
2009-05-10	−18.08	河北南网全区降雨，平均降雨量 36.5 mm，大部分地区有暴雨，邢台降雨量达 177.6 mm
2010-03-20	−6.06	河北南网全区大风沙尘天气，最大瞬时风速 34 m/s(12 级)
2010-04-11	−7.89	河北南网全区降雨，平均降雨量 3.7 mm
2010-05-04	−8.12	河北南网全区降雨，平均降雨量 8.7 mm
2010-05-16	−6.67	河北南网全区降雨，平均降雨量 1.9 mm
2010-05-17	−6.09	保定、石家庄、沧州、衡水、邢台东部、邯郸东部降雨，平均降雨量 2.4 mm
2009-03-20	5.61	河北南网全区持续 8 d 无降水
2009-03-22	4.58	20 日夜间—21 日白天河北南网全区降雨，22 日天气转好，无降水
2009-03-25	10.04	23 日夜间—24 日白天河北南网全区降雨，25 日天气转好，无降水
2009-04-16	10.27	4 月 13 日夜间开始河北南网全区降雨，16 日白天天气转好，无降水
2009-04-20	7.43	4 月 18—19 日河北南网全区降雨，20 日天气转好，无降水
2009-05-03	4.54	5 月 1—2 日河北南网全区小雨，3 日天气转好，无降水
2009-05-11	4.90	8 日白天开始降雨，9—10 日降暴雨，11 日降雨减弱，以小雨为主
2009-05-29	5.46	5 月 27—28 日河北南网全区小雨，29 日天气转好，无降水
2010-04-13	7.87	9 日白天—12 日夜间河北南网全区降雨，13 日天气转好，无降水
2010-05-02	5.05	河北南网全区持续 7 d 无降水
2010-05-03	4.83	河北南网全区持续 8 d 无降水
2010-05-06	4.90	5 月 3 日夜间至 5 日河北南网全区降雨，6 日天气转好，无降水
2010-05-18	7.33	5 月 15 日至 17 日夜间河北南网全区降雨，18 日天气转好，无降水

综上分析，大风和降雨是春灌期造成日用电负荷峰值明显下降的最主要因素，因此在预报中如有大风或降水应考虑用电负荷峰值下降。而日用电负荷峰值明显增大的情况一般都对应晴好天气，无降水，风力较小，但涨幅主要还取决于农事时节。表 3.2 中，3 月下旬、4 月中旬、5 月中下旬的几次降雨过后，河北南网区域用电负荷峰值的涨幅都超过 7%，刚好与河北省小麦春季三次灌溉阶段相对应，虽然前两日有降水，但是以小雨为主，对土壤增墒作用不明显，因此灌溉仍然会造成用电负荷峰值的明显增加。另外，当年的气候平均状况也是影响用电负荷峰值变化的一个因素。2009 年 3 月 25 日和 4 月 16 日的用电负荷峰值较前一日的变幅都超过了 10%，这与 2009 年春季河北省旱情严重有关，土壤缺墒明显，灌溉量显著增加。而 2010 年春季气温持续偏低，且前期降水比较充足，2010 年 3 月下旬和 4 月上旬日用电负荷峰值的变化幅度都没有超过 8%。

3.2.2　全年日用电负荷峰值变幅分布特征及对应气象条件分析

以河北某市为例，将日用电负荷峰值变幅定义为 ΔL(MW)，ΔL 与前一日用电负荷最大值的比值作为日用电负荷变幅百分比。图 3.8 为 2013—2022 年河北某市日用电负荷峰值变幅分布图，可见，共有 2627 d 用电负荷变幅在 200 MW 以内，占样本总数的 73.11%；变幅在 300～500 MW 的有 776 d，占比为 21.6%；500～1000 MW 的有 151 d，占比为 4.2%；变幅≥1000 MW 的有 39 d，占比为 1.09%。

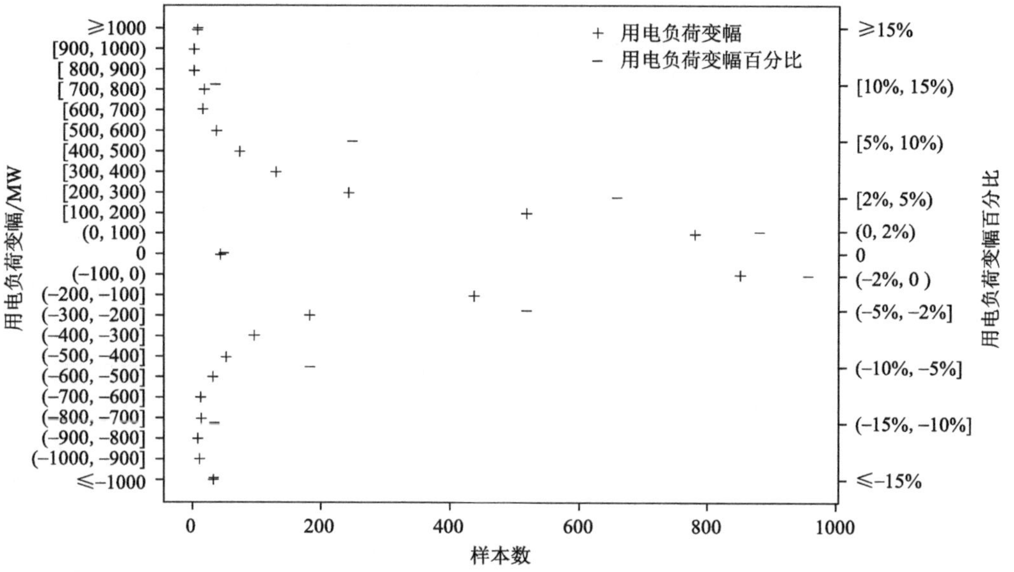

图 3.8　2013—2022 年河北某市日用电负荷峰值变幅分布

变幅百分比在 2%以内的占样本总数的 52.35%，2%～5%的占 32.76%，5%～10%的占 12%，10%～15%的占 1.84%，≥15%的占 1.06%。其中增幅最大值为 18.42%，降幅最大值为 24.1%。通过查询气象条件发现，有 62 个样本出现在 6—8 月，有 52 个样本对应出现明显降雨，中雨以上量级有 26 个样本，有 5 个样本对应前一天出现降雨。另有 1 个样本对应出现大风。增幅超过 10%的 39 个样本中，36 个出现在 6—8 月，其中 12 个样本是前一天或前两天连续出现明显降雨，21 个样本平均气温高于 28 ℃且温湿指数在 1000 以上，2 个样本温湿指数不高但是最高气温较前期明显升高，另有 1 个样本无明显特征。另外 3 个样本出现在 11 月和 3 月，对应明显降温或较大的负温湿指数。分析过去 10 年“五一”“十一”和春节期间河北某市用电负荷数据，发现假期首日用电负荷降幅百分比基本都超过 5%，七天长假基本在第三或第四天明显上涨，因此在分析全年用电负荷峰值变化时应将“节假日效应”予以剔除。

3.2.3　考虑季节影响的日最大用电负荷变幅与气象因子及 AQI 的关系

选取 2017—2019 年河北某市冬季及夏季待预报日最大用电负荷变幅，以及当天的日平均气温、最高气温、最低气温、日降水量、平均气压、平均相对湿度、最小相对湿度、平均风速、日照时数、AQI(空气质量指数)值以及与前一日各相同要素的差(如平均气温差为当日平均气温与前一日平均气温的差值，其他气象因子差及 AQI 差依此类推)作为相关因子进行分析。考虑到日最大用电负荷的年变化特征，主要选取夏季和冬季日最大用电负荷变幅及相关因子进行分析。

选取冬季和夏季日最大用电负荷变幅与同期气象因子及 AQI 进行相关性分析，相关系数见表 3.3。冬季，最高气温、平均气温差、最高气温差、AQI 差值与日最大用电负荷变幅呈负相关，其原因是气温降低取暖用电负荷将增加；冬季天气形势稳定，大多数情况下 AQI 比夏季偏大，当 AQI 增大到一定程度时，政府将对有关企业采取限产、停产措施，导致日最大用电负荷下降。日降水量、日降水量差、平均气压差与日最大用电负荷变幅呈正相关，其原因是降水量增加导致气温下降，而平均气压差加大预示冷空气到来，气温下降。夏季，平均气温、最高气温、日照时数、AQI 值、平均气温差、最高气温差、最低气温差、日照时数差、AQI 差值与日最大用电负荷变幅呈正相关，其原因是气温增大，空调制冷用电负荷将增加，日照时数增加预示天气晴好，气温一般较高；夏季 AQI 值一般不会达到重污染级别，而且 AQI 值的增加可以反映出企业生产活动的增加，这需要大量用电负荷来支撑。日降水量、平均气压、平均相对湿度、最小相对湿度、日降水量差、平均气压差、平均相对湿度差、最小相对湿度差与日最大用电负荷变幅呈负相关，其原因是降水量增大预示气温下降，空调制冷用电负荷将下降，气压下降预示天空状况将转差，湿度增加不利于气温升高，而且可能出现降水，这也引起空调制冷用电负荷下降。

进一步分析发现，日最大用电负荷变幅和气象因子及 AQI 的相关性具有明显的季节性，冬季与日最大用电负荷变幅呈负相关的因子在夏季与日最大用电负荷变幅呈正相关，冬季与日最大用电负荷变幅呈正相关的因子在夏季与日最大用电负荷变幅呈负相关；冬季日最大用电负荷变幅与因子的相关性比夏季日最大用电负荷变幅与因子的相关性略差。日最大用电负荷变幅与因子差的相关性好于因子本身，总体上日最大用电负荷变幅与气温差的相关性最好，不同的时段存在差异，冬季最高气温差与日最大用电负荷变幅的相关性最好，夏季平均气温差与日最大用电负荷变幅的相关性最好。

表 3.3　2017—2019 年冬季及夏季河北某市日最大用电负荷变幅与气象因子及 AQI 的相关系数

要素	相关系数		要素	相关系数	
	冬季	夏季		冬季	夏季
平均气温	−0.168	0.429*	平均气温差	−0.528*	0.738*
最高气温	−0.304*	0.446*	最高气温差	−0.592*	0.672*
最低气温	0.021	0.166	最低气温差	−0.230	0.433*
日降水量	0.246*	−0.390*	日降水量差	0.261*	−0.278*
平均气压	0.180	−0.231*	平均气压差	0.462*	−0.350*
平均相对湿度	0.093	−0.278*	平均相对湿度差	−0.004	−0.436*
最小相对湿度	0.092	−0.280*	最小相对湿度差	0.004	−0.406*
平均风速	0.061	−0.003	平均风速差	0.118	−0.057
日照时数	−0.213	0.389*	日照时数差	−0.152	0.282*
AQI 值	−0.046	0.503*	AQI 差值	−0.258*	0.520*

注：* 表示通过 0.001 的显著性检验。

3.2.4　日用电负荷峰值与气象条件的相关关系

采用 Spearman 秩相关方法，计算 2013 年 1 月 1 日—2021 年 12 月 31 日河北某市日用电负荷峰值与当日、前一日以及前两日气象条件的相关关系，从表 3.4 可以看出，日用电负荷峰值与前一日气象要素相关性最好。其中，日平均气温、日最高气温、日最低气温、日平均风速、日最大风速、温湿指数、降水量与日用电负荷峰值的相关系数通过了 0.01 的显著性检验。气温和温湿指数与日用电负荷峰值的相关关系表现为春夏季呈正相关，夏季尤其显著，秋冬季呈负相关；气温和温湿指数与用电负荷峰值的季节相关性与前人的研究比较一致。风速整体呈现正相关，降水量呈现负相关，冬季降水影响不如其他季节显著，但降水量和风速与用电负荷峰值在不同月份的相关性差异较大，存在一定的不确定性。

表 3.4　2013—2021 年河北某市逐日用电负荷峰值与前一日气象要素的秩相关系数

气象要素	与日用电负荷峰值的秩相关系数
日平均气温	0.2198**
日最高气温	0.2141**
日最低气温	0.2101**
24 h 变温	−0.0124
日平均相对湿度	−0.0016
日最小相对湿度	0.0214
温湿指数	0.2132**
日平均风速	0.1394**
日最大风速	0.1587**
降水量	−0.2713**
48 h 累计降水	−0.0926
72 h 累计降水	−0.0108

注：* 表示通过 0.05 的显著性检验，** 表示通过 0.01 的显著性检验。

图 3.9 为 2013—2022 年河北某市逐日用电负荷峰值与各气象要素的响应曲线。日用电负荷峰值对日最高气温（图略）、日最低气温（图略）与日平均气温的响应曲线趋势基本一致，日最大风速（图略）与日平均风速的响应曲线趋势基本一致。从图中可以看出，石家庄日用电负荷峰值对日平均气温、温湿指数、日平均风速的响应曲线存在明显的阈值效应。日平均气温＜16 ℃时，随着气温上升，日用电负荷峰值整体为减小趋势；日平均气温＞16 ℃时，随着气温上升，日用电负荷峰值整体为上升趋势。日平均风速＜5 m/s 时，日用电负荷峰值随着风速的上升而上升，超过阈值时随着风速的下降而下降。温湿指数存在两个阈值，当温湿指数＜−1000 时，随着温湿指数的增长日用电负荷峰值呈现增长趋势，当温湿指数为−1000～500 时，日用电负荷峰值随着温湿指数的增长而下降，超过 500 时再次呈现小于−1000 时的趋势，但是曲线陡度变大。随着累计降水的增大，日用电负荷峰值呈现下降趋势，研究表明，有效降水对用电负荷的影响具有滞后性。

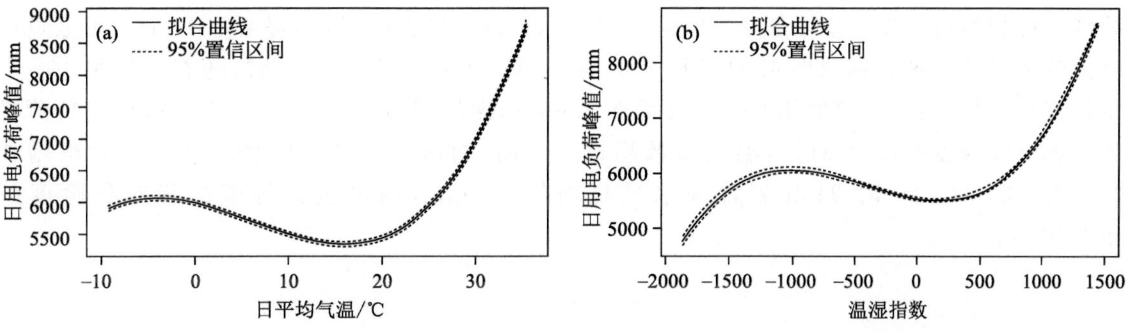

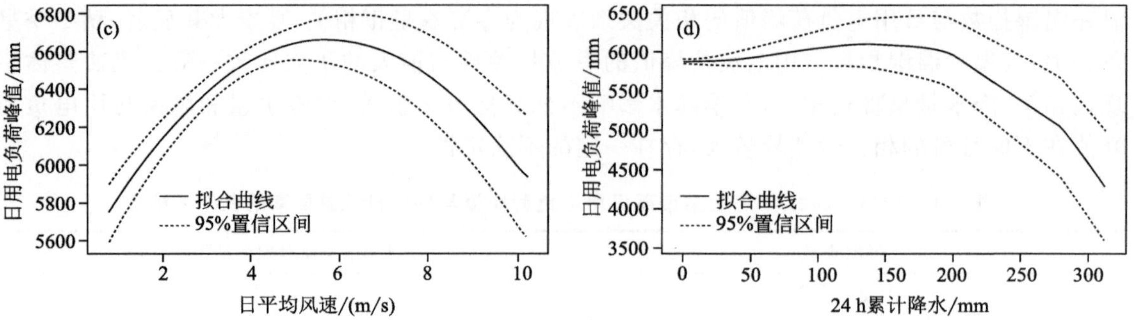

图 3.9　2013—2022 年河北某市不同气象要素对日用电负荷峰值的响应曲线

(a)日平均气温;(b)温湿指数;(c)日平均风速;(d)24 h 累计降水

3.3　基于气象条件的用电负荷预测方法

3.3.1　基于相对危险度的次日用电负荷峰值预测

3.3.1.1　气象因素对日用电负荷峰值的相对危险度

相对危险度(relative risk,RR)表示气象要素每发生单位变化,对应日最大用电负荷的相对改变量。利用泊松分布和平滑曲线拟合,采用 R 语言及 EmpowerStats 统计分析软件计算日最大用电负荷相对危险度,并进行气象要素对日最大用电负荷的响应分析。以日最大用电负荷作为因变量,以相关气象要素为自变量,挖掘日最大用电负荷与气象因子的关联关系。两者的对数关系为

$$\ln[E(Y)]=\beta X+\alpha$$

式中:$E(Y)$为日最大用电负荷的期望值;X 为气象影响要素;β 为系数,α 为截距,均通过秩相关分析得来。$\mathrm{RR}=\exp(\beta\Delta X)$。当 RR>1($\beta>0$)时,随着 X 每增加一个单位,Y 的发生风险也相对增加,增加率为(RR−1)×100%;同理,RR<1($\beta<0$)时,随着 X 每增加一个单位,Y 的发生风险相对减小,减小率为(1−RR)×100%。

表 3.5 列出了河北某市各气象要素对日用电负荷峰值变化的相对危险度。可以看出,日平均气温、日最高气温、日最低气温高于阈值时,每上升 1 ℃,用电负荷峰值的相对危险度分别增加 2.25%、1.92%、2.07%;低于阈值时,每上升 1 ℃,用电负荷峰值的相对危险度分别减小 0.62%、0.57%、0.60%。日平均风速达到 5 m/s 时,每上升 1 m/s,用电负荷峰值的相对危险度减小 4.31%;日平均风速和日最大风速分别<5 m/s 和<10 m/s 时,每上升 1 m/s,用电负荷峰值的相对危险度分别增加 2.04%和 1.98%,而高于阈值时,风速每增加 1 m/s,用电负荷峰值的相对危险度分别减小 4.31%和 2.44%。当温湿指数≤−1000 时,随着其发生 100 个单位变化,用电负荷峰值的相对危险度增加 3.66%,温湿指数在−1000~500 时,用电负荷峰值的相对危险度减小 0.31%,温湿指数超过 500 时,对应用电负荷峰值的相对危险度增加 4.22%。20 时—20 时 24 h 累计降水量每增加 10 mm,用电负荷峰值的相对危险度减小 3.47%。

表 3.5　2013—2022 年河北某市各气象要素对日用电负荷峰值的相对危险度

气象要素	阈值范围	相对危险度	95%置信区间
日平均气温	≥16 ℃	1.0225**	(1.0214,1.0236)
	<16 ℃	0.9938**	(0.9935,0.9941)
日最高气温	≥22 ℃	1.0192**	(1.0182,1.0201)
	<22 ℃	0.9943**	(0.9940,0.9946)
日最低气温	≥12 ℃	1.0207**	(1.0196,1.0217)
	<12 ℃	0.9940**	(0.9937,0.9943)
日平均风速	≥5 m/s	0.9569**	(0.9548,0.9590)
	<5 m/s	1.0204**	(1.0193,1.0214)
日最大风速	≥10 m/s	0.9756**	(0.9754,0.9758)
	<10 m/s	1.0198**	(1.0193,1.0203)
温湿指数	≥500	1.0422**	(1.0401,1.0555)
	−1000～500	0.9969**	(0.9967,0.9970)
	≤−1000	1.0366**	(1.0359,1.0372)
24 h 降水量	>0 mm	0.9653**	(0.9650,0.9659)

注：** 表示通过 0.05 的显著性检验。

3.3.1.2　基于相对危险度的用电负荷峰值预测模型及检验

在日常气象服务中，可根据气象要素对日用电负荷峰值的相对危险度开展日用电负荷峰值预测。具体方法如下：

首先选取与日用电负荷峰值相关性显著的气象要素，计算因不同气象要素发生单位变化所引发的日用电负荷峰值的变化率（ΔRR_i），即不同气象要素对日用电负荷峰值的相对危险度。其次根据日用电负荷峰值的变化率以及实时的气象要素数据，计算得出由所有显著性相关的气象要素所引发的次日用电负荷峰值累积变化量 ΔL_m，即因气象条件所引发的次日用电负荷峰值变化量。再次计算节假日用电负荷随机分量 ε，计算每年节假日中的日用电负荷明显下降日和日用电负荷明显上升日这两日的日用电负荷峰值变化量的中位数，将其作为该年度的主要节假日用电负荷随机分量。经统计，近 10 年节假日用电负荷随机分量的中位数为 270 MW，占前一日用电负荷峰值的 2%～5%。最后根据当日用电负荷峰值数据和当日气象要素观测数据以及次日气象要素预报数据、主要节假日用电负荷随机分量，计算次日用电负荷峰值 $L_{\max(t+1)}$。

$$\Delta L_m = L_{\max(t)} \sum_{i=1}^{m} [X_{i(t+1)} - X_{i(t)}] \Delta RR_i / m_i$$

式中：ΔL_m 为受气象因素影响的用电负荷变化量；$L_{\max(t)}$ 为当日用电负荷峰值；$X_{i(t+1)}$ 为某一气象要素次日预报值；$X_{i(t)}$ 为该气象要素当日实况值；m_i 为单位变化。气温和风速均取 1，温湿指数取 100，降水量取 10。

$$L_{\max(t+1)} = L_{\max(t)} + \Delta L_e + \Delta L_m + \varepsilon$$

式中：$L_{\max(t+1)}$ 为当日用电负荷峰值；ΔL_m 为受气象因素影响的用电负荷变化量；ε 为主要节假日用电负荷随机分量；ΔL_e 为受经济发展影响的基础用电负荷变化量，本节指次日基础用电负荷与当日基础用电负荷的差值，连续两日，视为经济发展影响的基础负荷不变即相等，所以$\Delta L_e=0$。

根据2013年1月1日—2021年12月31日河北某市日用电负荷峰值与气象条件的关系计算二者之间的相关关系和相对危险度，利用2022年1月1日—12月31日对应数据进行检验。由图3.10的预测值与实际负荷值的对比曲线可见，两条曲线高度一致，预测误差分布情况见表3.6，预报误差在−50～50 MW的有101 d，占比为27.7%，90.1%的预报误差位于−200～200 MW。经分析，预测误差较大的样本，偏低的主要集中在春季，这应该与河北当地春季农田灌溉有一定关系。而预测偏高的样本在夏季和冬季都出现过，经翻查历史资料和分析，夏季主要受转折性天气也就是突发强对流天气的预报准确率限制所致，而冬季则一定程度上与空气污染导致的部分限产有关。

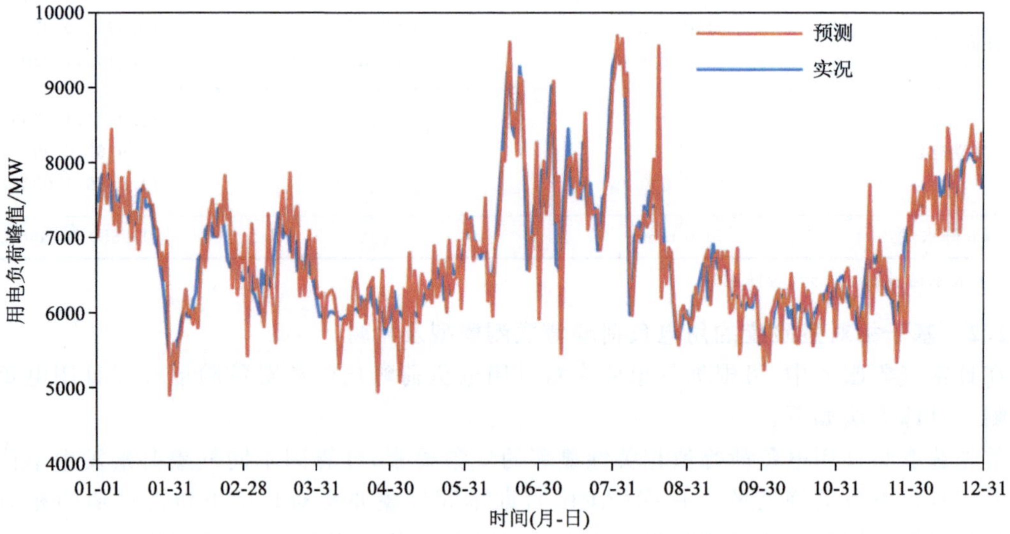

图3.10　2022年河北某市日用电负荷峰值预测与实况对比曲线

表3.6　用电负荷峰值预测误差

误差 E/MW	样本数	占比/%
$-50\leqslant E\leqslant 50$	101	27.7
$-100\leqslant E\leqslant 100$	186	50.9
$-200\leqslant E\leqslant 200$	329	90.1
$E<-200, E>200$	36	9.9

3.3.2　基于多种统计学模型的日最大用电负荷变幅预测方法及检验

根据日最大用电负荷变幅与各气象因子的相关结果，冬季选取最高气温、日降水量、平均气温差、最高气温差、日降水量差和平均气压差作为预报因子；夏季选取平均气温、最高气温、日降水量、平均气压、平均相对湿度、最小相对湿度、日照时数、平均气温差、最高气温差、最低气温差、日降水量差、平均气压差、平均相对湿度差、最小相对湿度差和日照时数差作为预报因子。将2017—2018年的数据作为建模数据，2019年的数据作为检验数据，分别用逐步回归、多元线性回归、GAM 建立预报模型,并对预报效果进行对比。此外,考虑到 AQI 值和连续两日 AQI 差值代表空气质量的变化,建模时分为引入和不引入 AQI 两种情况,检验空气质量对日最大用电负荷变幅的影响,最终选取最优预报方法。

将 2017 年和 2018 年夏季资料带入未引入和引入 AQI 的日最大用电负荷变幅模型进行拟合检验发现,多元线性回归模型拟合值和实况值之间的相关性略好于逐步回归模型,引入 AQI 时的多元线性回归和逐步回归模型的拟合值和实况值之间的相关性均好于未引入 AQI 时的模型。未引入 AQI 时的 GAM 模型拟合值和实况值的相关系数为 0.842,引入 AQI 时的 GAM 模型拟合值和实况值的相关系数为 0.844。未引入 AQI 时和引入 AQI 时的日最大用电负荷变幅 GAM 模型拟合效果最好,其次是多元线性回归模型。如果拟合值和实况值符号一致,则认为模型拟合趋势准确。结果发现,未引入 AQI 时,多元线性回归模型拟合趋势准确率为 83.33%,逐步回归模型为 83.89%,GAM 模型为 83.89%;引入 AQI 时,多元线性回归模型拟合趋势准确率为 83.89%,逐步回归模型为 82.78%,GAM 模型为 83.33%(表 3.7)。3 种模型拟合趋势准确率相近,且是否引入 AQI 对趋势准确率的影响不明显。

表 3.7　2017—2018 年夏季河北某市日最大用电负荷变幅模型拟合效果

模型	相关系数	趋势准确率/%
多元线性回归	0.817*	83.33
逐步回归	0.795*	83.89
GAM	0.842*	83.89
引入 AQI 的多元线性回归	0.828*	83.89
引入 AQI 的逐步回归	0.804*	82.78
引入 AQI 的 GAM	0.844*	83.33

注:* 表示通过 0.001 的显著性检验。

将 2019 年夏季数据代入 3 种模型进行预报检验,未引入 AQI 时,多元线性回归模型预报的日最大用电负荷变幅与实况的相关性最好,其次是 GAM 模型;引入 AQI 时,多元线性回归模型预报的日最大用电负荷变幅与实况的相关性最好,其次是逐步回归模型。从图 3.11 中可见,3 种模型在引入 AQI 后,预报值和实况值的相关性均有所提高。未引入 AQI 时,多元线性回归模型预报趋势准确率为 83.33%,逐步回归模型为 83.89%,GAM 模型为 83.89%;引入 AQI 时,多元线性回归模型预报趋势准确率为 83.89%,逐步回归模型为 82.78%,GAM 模型为 83.33%。3 种模型预报趋势准确率差距较大,GAM 模型预报趋势准确率最高,其次为多元线性回归模型。模型预测结果均通过了 0.001 的显著性检验。

用 2017 年和 2018 年冬季的资料对未引入和引入 AQI 模型的日最大用电负荷变幅进行拟合检验(表 3.8)。多元线性回归模型的拟合效果比逐步回归模型略好,引入 AQI 时,多元线性回归和逐步回归模型的拟合效果均有所提高。未引入 AQI 时,GAM 模型拟合的日最大用电负荷变幅和实况的相关系数为 0.804,引入 AQI 时,为 0.818。冬季,多元线性回归、逐步回归和 GAM 3 种日最大用电负荷变幅预报模型中,GAM 模型的拟合效果较另外两种有明显提高,3 种模型在引入 AQI 时的拟合效果均比未引入时有所提高,但冬季各模型的拟合效果较夏季偏差。未引入 AQI 时,多元线性回归模型的日最大用电负荷变幅拟合趋势准确率为 75.59%,逐步回归模型为 73.81%,GAM 模型为 82.74%;引入 AQI 时,多元线性回归模型的

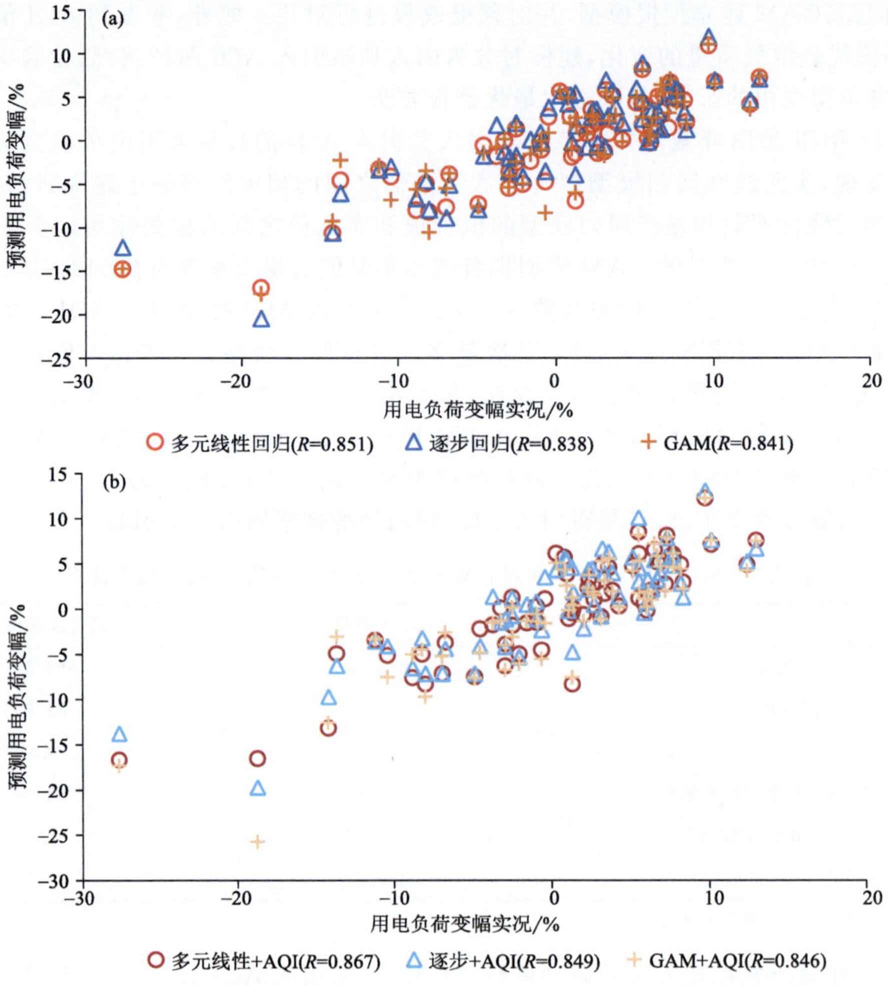

图 3.11 2019 年夏季河北某市未引入(a)和引入(b)AQI 模型预报的日最大用电负荷变幅与实况值的散点图

趋势准确率为 76.19%,逐步回归模型为 73.81%,GAM 模型为 83.93%。GAM 模型的日最大用电负荷变幅拟合趋势准确率明显好于另外两类模型,且是否引入 AQI 对 3 种模型拟合的日最大用电负荷变幅趋势准确率的影响不大。

表 3.8 2017—2018 年冬季河北某市日最大用电负荷变幅模型拟合效果

模型	相关系数	准确率/%
多元线性回归	0.655*	75.59
逐步回归	0.644*	73.81
GAM	0.804*	82.74
引入 AQI 的多元线性回归	0.677*	76.19
引入 AQI 的逐步回归	0.664*	73.81
引入 AQI 的 GAM	0.818*	83.93

注:* 表示通过 0.001 的显著性检验。

将 2019 年冬季数据代入模型进行预报检验，未引入 AQI 时，GAM 模型预报的日最大用电负荷变幅与实况的相关性最好，其次是多元线性回归模型；引入 AQI 时，逐步回归模型预报的日最大用电负荷变幅与实况的相关性略好，另外两种拟合结果与实况的相关系数相同。从图 3.12 中可见，3 种模型在引入 AQI 时，预报值和实况值的相关性变化不大。未引入 AQI 时，多元线性回归模型预报趋势准确率为 75.59%，逐步回归模型为 73.81%，GAM 模型为 82.74%；引入 AQI 时，多元线性回归模型预报趋势准确率为 76.19%，逐步回归模型为 73.81%，GAM 模型为 83.93%。3 种模型预报趋势准确率差距较大，总体上 GAM 模型预报趋势准确率最高，其次是多元线性回归模型，对于是否引入 AQI 对 3 种模型预报的日最大用电负荷变幅趋势准确率影响不大。模型预测结果均通过了 0.001 的显著性检验。

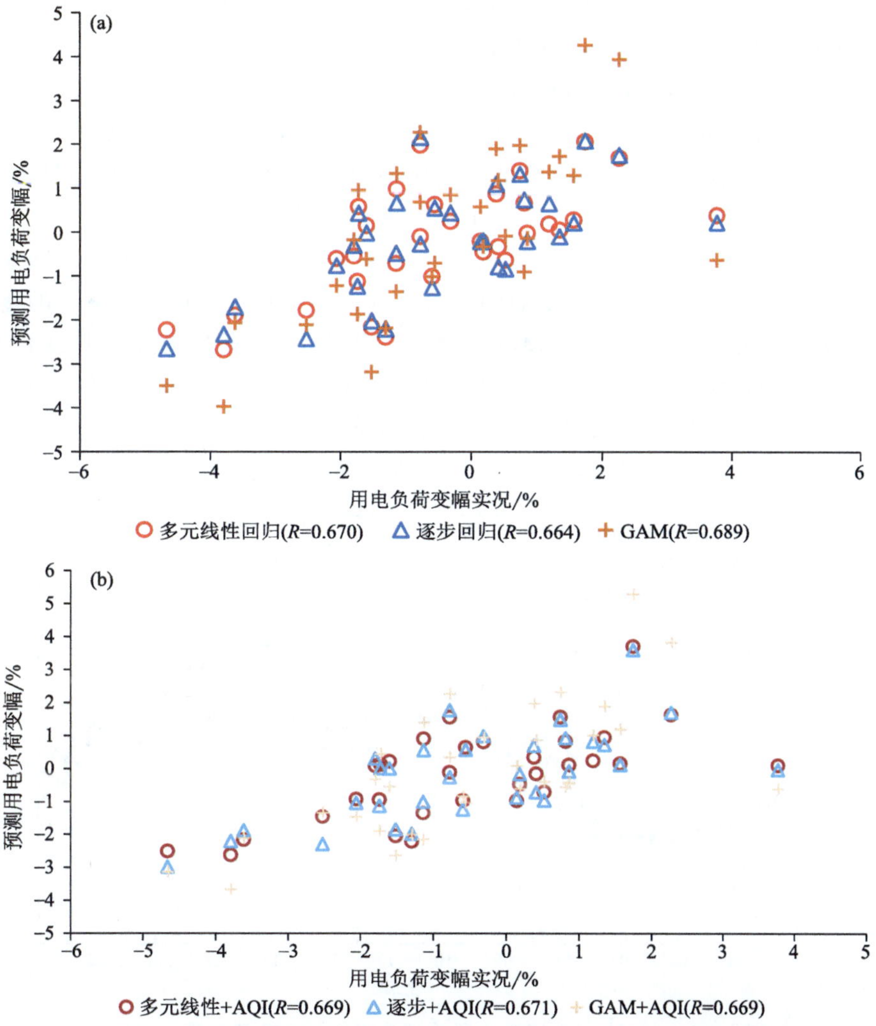

图 3.12　2019 年冬季河北某市未引入(a)和引入(b)AQI 的模型预报的日最大用电负荷变幅与实况值的散点图

综上所述，在 3 种模型中 GAM 模型预报效果最好，其次是多元线性回归模型，引入 AQI 时多元线性回归和 GAM 模型预报结果与实况的相关性反而下降。冬季预报结果与实况的相关性和预报趋势准确率均比夏季偏差。

3.3.3 基于灰色模型的夏季日峰降温负荷预测及检验

3.3.3.1 灰色模型方法简介

灰色模型 GM(1,1)是通过因素之间进行关联分析，对原始数据进行生成处理寻找变化规律，构建有规律性数据序列，建立微分方程进行预测。模型可寻找少量的、杂乱无章的原始数据的内在趋势，每次预测均对模型作一次修正，即预测值在动态过程中产生，可揭示出系统内部事物连续发展变化周期，模型预测精度高。

由于每日同一时刻的电力负荷为具有稳定发展趋势的时间序列，同时需考虑基准负荷存在周期性和增长性，为准确剥离石家庄市夏季 6—8 月工作日的日峰降温负荷，本节以石家庄市 2017—2019 年逐 15 分钟电力负荷作为 $X(0)$及同期国家站数据，采用一阶一元灰色模型 GM(1,1)预测出石家庄市 3 年来 6—8 月所有工作日的基准负荷曲线。

3.3.3.2 基于灰色系统模型的基准负荷预测

日负荷曲线受基准负荷、气象因素敏感度高的降温负荷以及不确定因子等方面影响。相同时刻日基准负荷为具有稳定发展趋势的时间序列，且随社会经济发展、用电结构呈现增长性和周期性特征，为准确将石家庄市 6—8 月工作日降温负荷从逐日电力负荷曲线中剥离，合理分析降温负荷特征及影响因子，本节以石家庄市 2017—2019 年日用电负荷和国家站数据，以剔除节假日、有降水日和 $T_{max} > 27$ ℃后的 4 月上旬—5 月中旬无降温负荷日的逐 15 分钟原始数据，建立灰色系统模型 GM(1,1)预测石家庄 3 年来 6—8 月所有工作日逐日基准负荷曲线，图 3.13 为利用 GM(1,1)模型预测出的 2017 年石家庄市夏季部分工作日的基准负荷曲线，经与对应日的负荷曲线比较发现变化趋势相近，基准负荷峰值出现在 16—18 时，且 8 月峰值大小依次高于 7 月和 6 月，即夏季基准负荷峰值呈逐月稳定增长趋势。

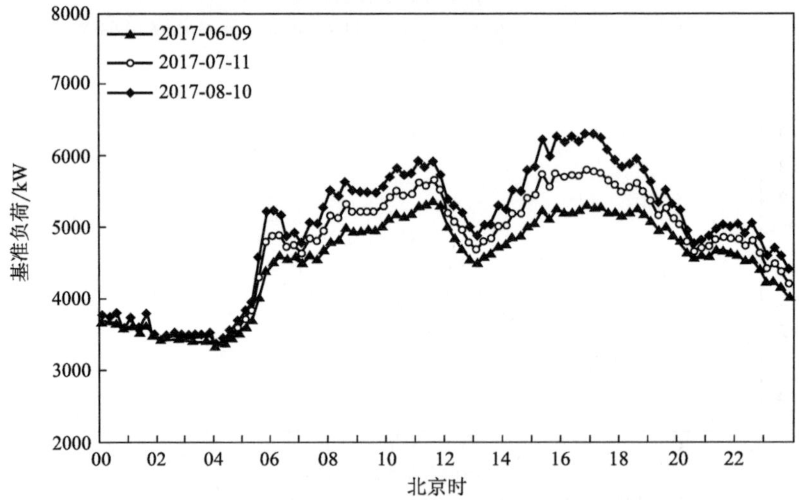

图 3.13 2017 年石家庄市夏季部分工作日基准负荷预测曲线

3.3.3.3 基于滤波法的降温负荷剥离

石家庄市 3 年来夏季 6—8 月工作日降温负荷曲线可由日负荷曲线减去基准负荷曲线和不确定因子引起的负荷变化得到。值得注意的是，为了更好地反映石家庄市夏季日降温负荷与气象因子的响应关系，本节在相关分析中不仅计算了日基准负荷曲线，同时将不确定因子引起的负荷变化考虑在内，即对剥离基准负荷后的日负荷曲线进行滤波，设定滤波阈值为 10 d，滤波后仅保留小于 10 d 的高频变化即为降温负荷曲线，然后计算日峰降温负荷与有效温度、温湿指数的相关性，以减小政府决策、重大活动保障等不确定因子影响引起的异常值对模型误差的影响，最大限度反映日峰降温负荷变率对气象条件变化的敏感度。图 3.14 为剥离出的 2017 年石家庄市部分工作日的降温负荷曲线，可见日降温负荷曲线整体呈“W”形分布，两个峰值分别出现在 12 时 30 分和 20 时左右，两个谷值分别出现在 07 时和 17 时左右。这与石家庄市日电力负荷构成、气象条件和居民生产生活等有密切关系，07 时左右城镇居民起床后会关闭空调、开窗通风，所以降温负荷较小，07 时后居民开始上班，生活和工业空调等设备用电负荷均迅速增大，至 12—13 时达到日最高气温，降温负荷达到峰值；17—18 时由于错峰上下班，降温负荷较小，19 时之后居民空调等降温设备使用量增大，降温负荷大幅上升，达到第二个峰值。

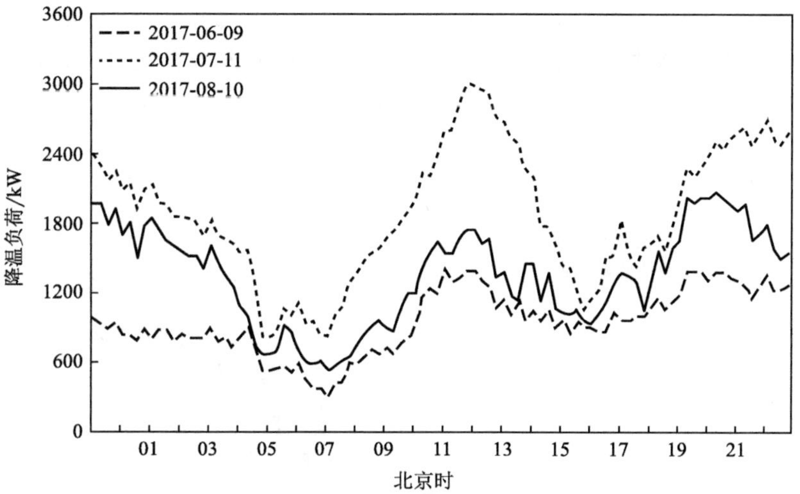

图 3.14　2017 年石家庄市部分工作日的降温负荷曲线

日峰降温负荷可由日降温负荷曲线峰值得到，据统计，石家庄市 2017—2019 年 6—8 月工作日的日峰降温负荷与日峰负荷两者比值如表 3.9 所示，两者比值主要集中在 35%以下，3 年来分别占当年夏季工作日天数的 85.4%、62.8%、79.1%，两者比值达到 35%以上的比值在 14.6%～37.2%，其中比值最大值为 2019 年的 46.63%。

表 3.9　2017—2019 年石家庄市夏季工作日日降温负荷在日峰负荷中占比分布　单位：d

年份	占比			两者比值的最大值
	<25%	25%～35%	≥35%	
2017	24	17	7	38.11%
2018	18	9	16	40.01%
2019	17	17	9	46.63%

3.3.3.4　日峰降温负荷预测模型

（1）日峰降温负荷与有效温度回归预测模型

以石家庄市 2017—2019 年夏季 6—8 月剥离出的降温负荷与有效温度作拟合，得到日峰降温负荷回归预测模型分别为

一次函数拟合

$$P_{max}=295T_e+5085$$

式中：T_e 为有效温度。

二次函数拟合

$$P_{max}=5.5T_e^2+30.6T_e+1953.9$$

分段函数拟合

$$P_{max}=\begin{cases}29.5(T_e-26.2)^2+491.1(T_e-26.2)+2891.08 & T_e\leqslant 26.2\ ℃\\ -118.7(T_e-26.2)^2+248.9(T_e-26.2)+2891.08 & T_e>26.2\ ℃\end{cases}$$

利用 2017—2019 年的河北石家庄市逐 15 分钟电力负荷数据和考虑温度、湿度、风速等要素的同期有效温度，分别进行一次函数、二次函数、分段函数拟合(图 3.15)，对夏季日峰降温负荷预报进行建模。同时应用 2020 年 6—8 月夏季工作日的日峰降温负荷与有效温度进行检验。发现 3 种预测模型中分段函数预测精度较高，误差在－5%～＋5%所占比例为 57.1%，误差在－10%～＋10%所占比例为 90.5%，与一次、二次函数拟合比较，分段函数平均相对误差减小(表 3.10)，较准确地反映出日峰降温负荷与有效温度的拟合关系，回归模型分段点是有效温度为 26.2 ℃。

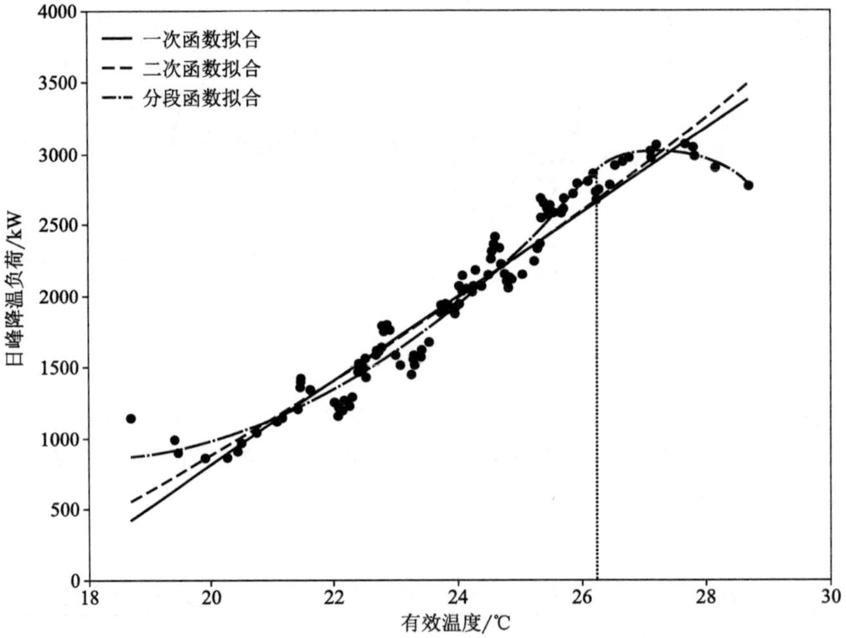

图 3.15　日峰降温负荷与有效温度的 3 种回归预测模型拟合曲线

表 3.10　日峰降温负荷与有效温度的 3 种回归预测模型相对误差情况

函数模型	平均相对误差	误差在－5%～＋5%所占比例	误差在－10%～＋10%所占比例
一次模型	0.074	46.6%	78.0%
二次模型	0.071	44.1%	75.4%
分段模型	0.048	57.1%	90.5%

(2)日峰降温负荷与温湿指数回归预测模型

以石家庄市 2017—2019 年夏季 6—8 月剥离出的降温负荷与温湿指数作拟合，得到日峰

降温负荷回归预测模型分别为

一次函数拟合

$$P_{max}=212D_{I}-14529.8$$

二次函数拟合

$$P_{max}=3.04D_{I}^{2}+686.2D_{I}-33006.3$$

分段函数拟合

$$P_{max}=\begin{cases}63.02(D_{I}-75.86)^{2}+344(D_{I}-75.86)+1404.26 & D_{I}\leqslant 75.86\\ -18.15(D_{I}-75.86)^{2}+346.3(D_{I}-75.86)+1404.26 & D_{I}>75.86\end{cases}$$

利用 2017—2019 年河北石家庄市逐 15 分钟电力负荷数据和考虑温度、湿度要素的温湿指数，对夏季日峰降温负荷预报进行建模。同时应用 2020 年 6—8 月夏季工作日的日峰降温负荷与温湿指数进行检验。经检验发现，3 种模型中分段函数预测精度较高(图 3.16)，误差在 −5%～+5%所占比例为 55.1%，误差在 −10%～+10%所占比例为 88.1%，与一次、二次函数拟合比较，分段函数平均相对误差减小(表 3.11)，较准确地反映出日峰降温负荷与温湿指数的拟合关系，回归模型分段点是温湿指数为 75.86%。

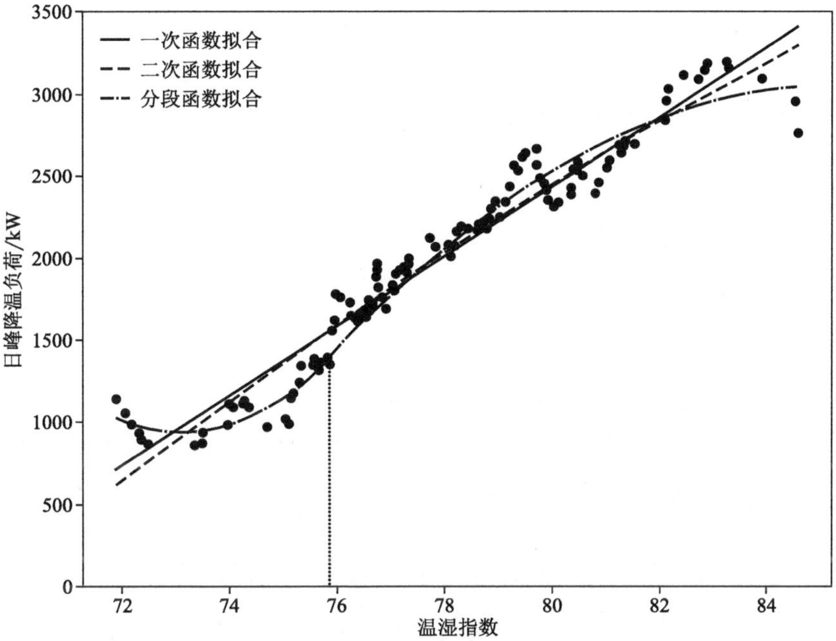

图 3.16　日峰降温负荷与温湿指数的 3 种回归预测模型拟合曲线

表 3.11　日峰降温负荷与温湿指数的 3 种回归预测模型相对误差情况

函数模型	平均相对误差	误差在 −5%～+5%所占比例	误差在 −10%～+10%所占比例
一次模型	0.075	54.2%	75.4%
二次模型	0.074	53.4%	74.6%
分段模型	0.052	55.1%	88.1%

第4章　导线覆冰预报预警技术

在电力系统运营中，导线覆冰是一种常见而又具有潜在破坏性的自然现象，尤其是在寒冷和湿润的气候条件下，导线覆冰不仅会导致输电线路故障，增加维护成本，还可能引发广泛的电力中断，严重时甚至导致电力基础设施损坏。因此，研究导线覆冰的预报与预警技术具有重要的实用价值和深远的社会意义，有助于电力公司提前采取措施，减轻或避免由覆冰引起的负面影响，确保电力系统的安全、稳定与可靠运行。

本章将深入探讨导线覆冰预报预警技术，分三个核心部分介绍：一是导线覆冰灾害分布特征，这部分将分析覆冰的空间和时间分布规律及其影响因素；二是导线覆冰灾害过程诊断分析方法，探讨通过现场数据和气象信息诊断覆冰形成的方法；三是导线覆冰预报方法，介绍和评估各种预报模型（包括统计学模型和机理模型），以提高预测的准确性。这三个部分的综合研究旨在为电力行业提供一套完整的覆冰预报预警技术。

4.1　导线覆冰灾害分布特征

通过深入研究覆冰的分布特征，可以识别出导线覆冰发生的高风险空间区域和时间段，使电力公司能够有针对性地采取预防措施，如增强线路的抗冰设计、安装防冰设备或调整电力系统的运行模式，从而提高整个电力网络的稳定性和可靠性。

4.1.1　空间分布特征

河北省地处华北平原，位于漳河以北，东临渤海，西为太行山脉，北有燕山，地势总体上西北高、东南低。图 4.1 给出了 1980—2021 年京津冀多年平均的雾日数、覆冰日数、雾凇日数和雨凇日数空间分布，可以看出，河北省雾日数相对较多的地区为邢台东部、石家庄东南部、衡水北部、沧州西北部以及唐山南部地区。覆冰日数空间分布与雾日数较为一致，高值区主要位于邢台东北部、衡水北部、沧州东部以及唐山南部地区。雾凇日数空间分布特征与覆冰日数较为一致，表明 1980—2021 年河北省东南部平原地区和张家口东北部主要以雾凇、覆冰为主。

在冀北地区，覆冰事故多发生在山区，这是因为山区的气候条件如低温和湿润的空气为冰的形成提供了理想环境。山区气温普遍低于平原，湿气较重，冷空气容易停留，这些因素共同作用下易于形成覆冰。另外，山地地形复杂，风速和风向的突变更容易引起导线的舞动，加剧覆冰的形成和累积。

根据统计，不同类型的覆冰事故与下垫面类型存在明显的相关性。例如，冰闪事故多发生在平原和坝上高原，这些区域相对开阔，日照时间较长，日温差大，有助于冰柱的形成和融化，从而导致冰闪事故的发生。相比之下，舞动事故则主要发生在山地和山谷，这些地区由于地形的影响，风速较大，导致导线摆动加剧，容易发生舞动事故。

表 4.1 列出了 2012—2015 年冀北地区导线覆冰事故次数在不同下垫面的分布，可以看

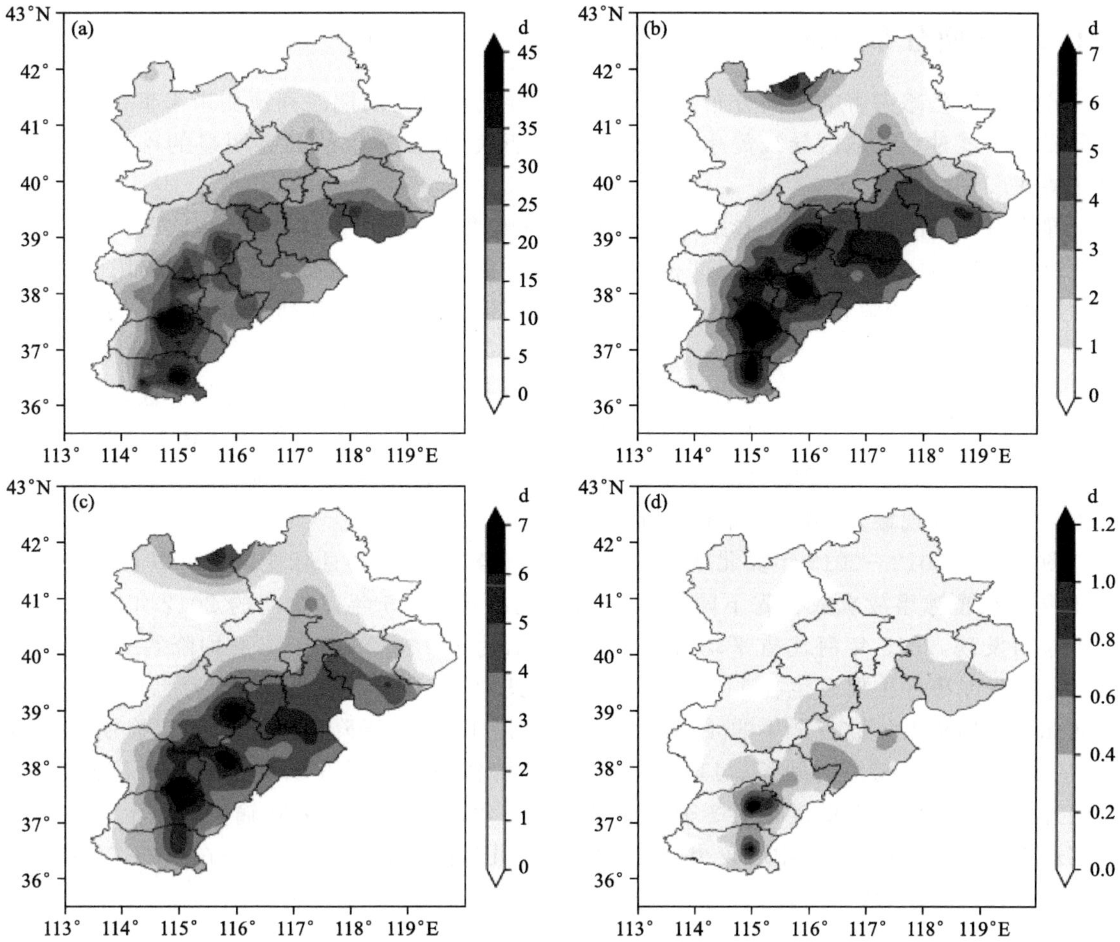

图 4.1 1980—2021 年京津冀多年平均的雾日数(a)、覆冰日数(b)、雾凇日数(c)和雨凇日数(d)空间分布

出，2012—2015 年冀北地区导线覆冰事故发生在山区(山地、山谷和山间平地)所占百分比为 80.3%，平原及坝上高原所占百分比仅为 19.7%。在导线覆冰导致冰闪、舞动和冰害 3 种灾害中，不同灾害的出现频率和地形密切相关。冰闪事故 56%以上发生在平原和坝上高原；舞动主要分布于山地和山谷；冰害主要分布在山区，坝上高原和平原分布较少。这一特征与灾害形成的原因有关。冰闪是绝缘子串结冰后形成贯穿整串的冰柱，当气温回升到 0 ℃以上时冰柱开始融化，融化的冰水顺着悬垂绝缘子串边缘下淌，形成连续的冰水溜，进而可能造成绝缘子短路跳闸发生停电事故。平原地区白天升温较快，有利于冰柱的融化，形成冰闪事故。输电线路舞动时除了覆冰外，一般伴随较大的风速，比如山区的迎风坡以及具有狭管效应的山谷。冰害出现的典型地形是暴露的丘陵顶峰及高海拔地区、迎风山坡、垭口、风道、水面上空等。

表 4.1 2012—2015 年冀北地区导线覆冰事故次数在不同下垫面的分布

事故	山地	山谷	平原	坝上高原	山间平地
冰闪	4	2	8	1	1
舞动	13	5	0	0	0
冰害	14	7	2	2	7

4.1.2 时间分布特征

分析导线覆冰灾害的时间分布特征对于理解导线覆冰的周期性和预测未来事件的概率同样重要。通过对冀北地区导线覆冰事故资料的分析表明，覆冰事故具有明显的季节性和月际变化特征。

导线覆冰事故在冬季及早春季节尤为突出，主要集中在11月—次年5月。这一时期内，冀北地区气温通常较低，且相对湿度相对较高，为导线覆冰的形成提供了理想条件。此外，这一时期内降水（包括雨和雪）活动较频繁，尤其是雨夹雪和湿雪，这些都是覆冰形成的关键天气因素。

从逐月的分析中发现，11月、2月和5月是导线覆冰事故的高发月份。11月处于秋冬转换期，天气多变，雨雪交加的天气条件较多，为导线覆冰的形成提供了机会。到了2月，虽然整体温度较低，但间歇性的暖湿气流可以引发覆冰事件。5月虽然天气开始转暖，但仍有可能出现倒春寒等天气现象，导致覆冰事件发生。

图4.2为2012—2015年冀北地区导线覆冰事件次数年际和月际变化。可以看出，2012—2015年导线覆冰事故次数有先下降后激增的变化趋势，2015年是次高的2012年的4倍多。分析原因发现，2015年河北省平均降雪日数14 d，为2012—2015年年平均降雪日数最多年份。导线覆冰事件主要发生在11月—次年5月，其中11月为高发期，其次为2月和5月，11月河北省平均降雪日数占全年的41.9%。其原因是11月处于降雨至降雪的转换期，雨雪过程多、波及范围广、持续时间长。11月大部分地区降雪日数超过5 d，张家口和承德大部分地区超过10 d。此时空气湿度相对冬季其他时段比较大，降雪极易附着在输电线路上；其他月份降雪过程少，而且空气湿度相对较小、温度低，降雪虽落在输电线路上，但是在风的作用下会飘落，不易附着在输电线路上。

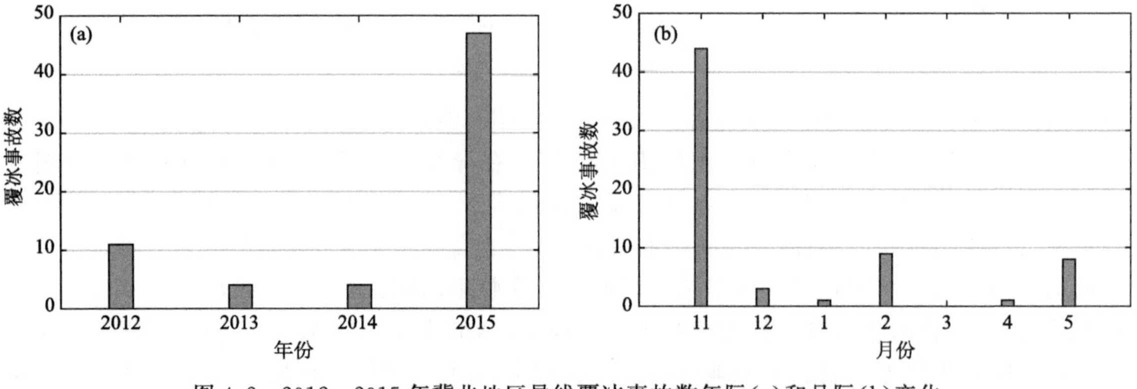

图4.2 2012—2015年冀北地区导线覆冰事故数年际(a)和月际(b)变化

4.2 导线覆冰灾害对应天气形势诊断分析

上一节详细探讨了导线覆冰灾害的分布特征，包括其在河北北部的空间和时间分布情况及关键影响因素。这些分布特征为识别导线覆冰灾害高风险区域和时段提供了依据。本节将详细介绍如何通过现有的气象数据、地理信息和导线覆冰灾害个例数据诊断覆冰的发生机制。

据河北省某电力公司相关部门提供的资料，2015 年 11 月河北省共出现 15 次导线覆冰引发的跳闸事件，这是一次因寒潮导致的 500 kV 超高压线路覆冰事件，是现有较为完整、连续的灾害记录。由表 4.2 可知，此次寒潮过程中受影响站点位于西部山区且海拔高度均超过 700 m，最高海拔高度达到 1388 m。观测数据的缺失和复杂的地形导致统计学阈值指标不具备代表性，无法作为判别导线覆冰生消演变标准，因此需要针对特殊地形中导线覆冰事件个例的气象条件进行分析。

表 4.2　2015 年 11 月导线覆冰引发跳闸事件记录

个例	线路名称	故障时间	海拔高度/m
1	某线路 1	2015-11-20 10:30	973
2	某线路 1	2015-11-20 20:25	999
3	某线路 2	2015-11-20 22:24	865
4	某线路 2	2015-11-21 04:28	764
5	某线路 2	2015-11-21 05:10	865
6	某线路 2	2015-11-22 08:46	865
7	某线路 2	2015-11-22 14:41	764
8	某线路 3	2015-11-22 04:20	1300
9	某线路 3	2015-11-22 09:17	1300
10	某线路 3	2015-11-22 08:55	1388
11	某线路 4	2015-11-23 08:47	1273
12	某线路 3	2015-11-23 15:46	1107
13	某线路 3	2015-11-24 09:25	1107
14	某线路 3	2015-11-24 17:43	1107
15	某线路 3	2015-11-25 19:41	1107

影响导线覆冰厚度的气象因素主要有露点温度、气温、降水量、风场、雪水比和相对湿度等(顾光芹 等，2012a)。表 4.3 为利用 ERA-5 再分析资料提取的发生事故时刻的相关要素数值，可以看到，15 个导线覆冰个例发生时刻的气温均低于 0 ℃，最低达到 −11.53 ℃，降水量虽均为 0，但相对湿度却均≥83%，最高达到 99%，中低层雪水混合的湿冷大气伴随着较大的风速，导致持续性覆冰事件，进而造成频繁的跳闸。

表 4.3　导线覆冰事件对应地面气象要素值

个例	露点温度/℃	气温/℃	降水量/mm	雪水比/(10^{-6} kg/kg)	风速值/(m/s)	相对湿度/%
1	−3.05	−2.09	0	0	0.67	93
2	−3.34	−3.00	0	0	0.83	97
3	−2.53	−2.28	0	100	1.06	98
4	−2.41	−2.42	0	200	1.03	99
5	−2.48	−2.45	0	200	1.28	99
6	−4.38	−3.90	0	400	2.21	96

续表

个例	露点温度/℃	气温/℃	降水量/mm	雪水比/(10^{-6} kg/kg)	风速值/(m/s)	相对湿度/%
7	−5.55	−4.73	0	200	1.70	93
8	−5.08	−4.53	0	200	2.05	95
9	−5.96	−5.09	0	100	2.85	93
10	−5.95	−5.01	0	100	2.85	93
11	−8.51	−7.15	0	0	1.06	90
12	−6.82	−4.40	0	0	2.09	83
13	−11.65	−9.98	0	400	1.74	87
14	−12.35	−11.53	0	0	0.57	94
15	−12.11	−11.01	0	0	0.64	92

不同尺度天气系统扮演着不同角色，大尺度环流为天气系统的生成和发展提供背景场，局地天气系统又作为扰动因子影响大气环流，彼此互相作用又紧密连接。通过分析大尺度环流背景场与局地天气系统的时空演变特征，可以找出覆冰事故发生前的气象条件变化规律。

为确定此次寒潮过程的活动路径，图 4.3 给出了 2015 年 11 月 16—26 日波动通量时空演变图。从图中可以看出，16—20 日贝加尔湖附近波通量不断增强并逐渐向东南传播，从华北和东北一直影响到我国东部沿海地区；20—26 日中路冷空气持续增强的同时，西路来自新疆北部地区的冷空气向东传播，汇入南下气流，至此波动通量从两条路径汇总至华北地区。在高层波通量向东南演变的过程中，关键区对流层中层的位势高度和低层的温度两个负异常中心始终对应较好。22 日冷低压中心强度增强、迅速南移，造成关键区局地偏北风增大，因此着重分析纬向风在局地天气尺度上的变化特征。

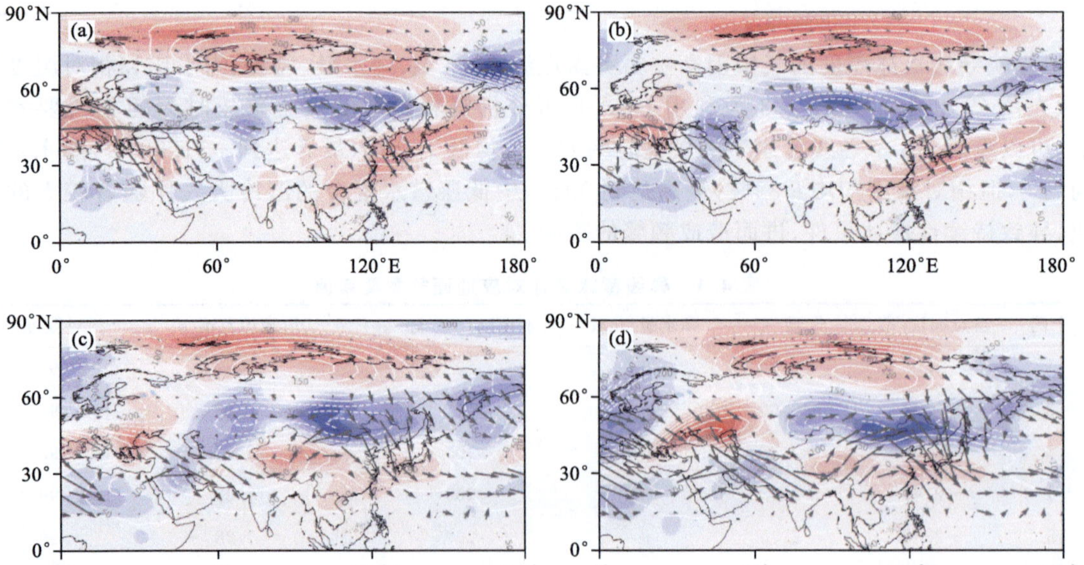

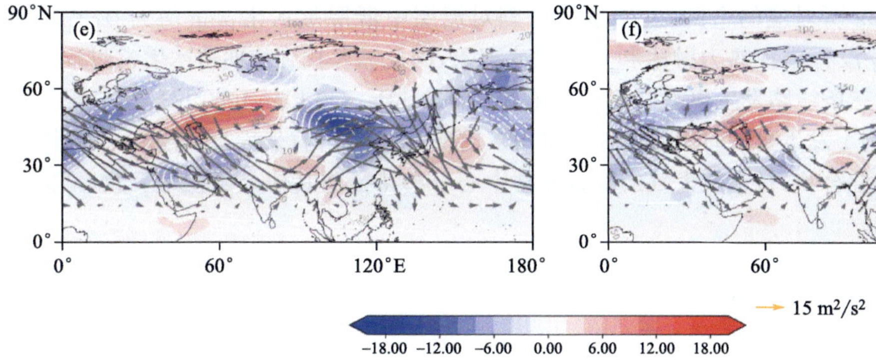

图 4.3　2015 年 11 月 16 日(a)、18 日(b)、20 日(c)、22 日(d)、24 日(e)、26 日(f) 200 hPa 波通量(箭头，单位：m^2/s^2)、500 hPa 位势高度距平(等值线，单位：gpm，正值实线，负值虚线)和 850 hPa 温度(填色，单位：℃)空间分布

图 4.4 给出的是 4 条线路对应时刻沿 113.75°—116.5°E 平均的纬度-高度剖面图，对流层底层在 32°—62°N 区域均存在温度冷异常，其在 50°N 一直向上延伸至 300 hPa；35°N 对流层中下层有温度暖异常，同样一直延伸至 300 hPa。对流层底层存在明显的风切变，关键区具有温度冷异常的气流随高度升高变为偏南的具有温度暖异常的气流，冷暖空气的交汇正是覆冰形成的条件(曲巧娜 等，2012)。关键区上空形成了“负—正—负”的温度异常层结分布特征，中层暖异常使得气柱膨胀，产生垂直上升运动，其北部中层冷异常产生下沉运动，形成直接热力环流圈，使得雪水比强中心空间伸展高度更高，为覆冰提供了有利条件(叶成志 等，2009)，但由于温度场中层温度过低(图略)，不满足周悦(2012)发现 750 hPa 逆温层必须高于 0 ℃的条件，因此此次过程并没有发生冻雨的情况。关键区上空的雪水混合物在上升气流中逐渐凝聚、质量增大，最终下落到近地面冷异常区中呈现过冷却状态，高压输电线路上开始出现覆冰并快速增长。

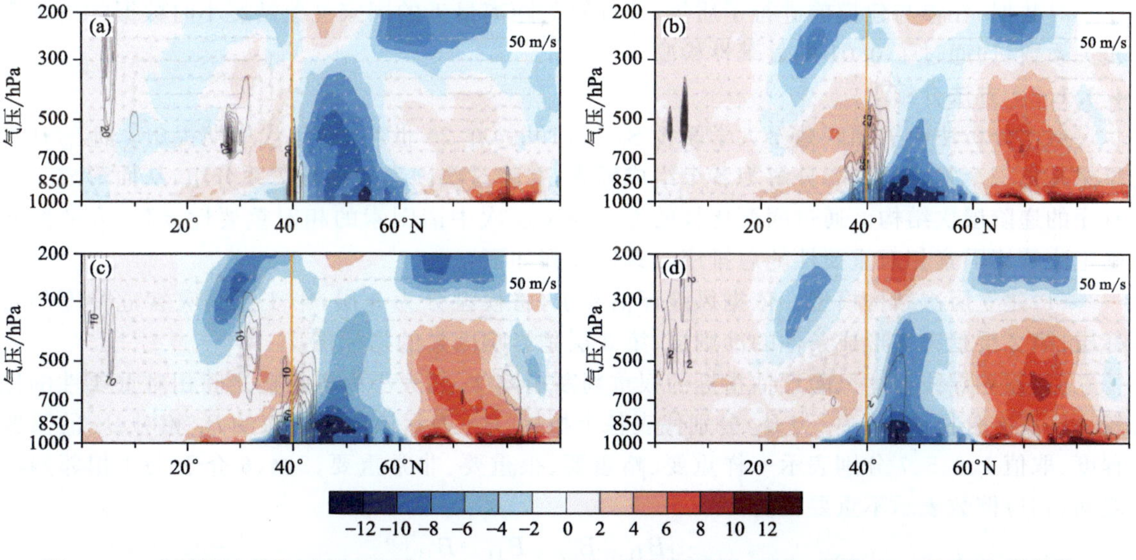

图 4.4　4 条受影响线路对应时刻沿 113.75°—116.5°E 平均的温度(填色，单位：℃)、雪水比(等值线，单位：10^{-6} kg/kg，以10^{-5} kg/kg 为间隔)、风场(箭头，单位：m/s)垂直剖面图

(a)某线路 1 的 20 日 04 时；(b)某线路 2 的 22 日 08 时；(c)某线路 3 的 22 日 14 时；(d)某线路 4 的 23 日 02 时

个例 1(即图 4.4a 所对应的个例)发生事故时刻对流层中低层雪水比含量均为 0,考虑到气温仍处于 0 ℃以下并没有出现热力融冰和升华脱冰现象,因此需要找到前期覆冰增长过程对应的时间点。图 4.4b～d 三条线路发生事故时刻及前 6 小时 700 hPa、850 hPa、1000 hPa 均出现雪水比含量高值中心,但个例 1 发生事故时刻及前 5 小时均未出现,直至 04 时(发生事故前 6 小时)图 4.4a 关键区上空出现雪水混合物,且整层大气的冷暖异常中心分布特征与其他个例较为一致,可以作为覆冰增长开始的标志。

4.3 导线覆冰预报方法

本节将详细介绍两类主要的导线覆冰预报模型:统计学模型和机理模型。统计学模型侧重于通过历史数据分析来识别导线覆冰发生的概率,这种方法依赖大量的历史气象数据和导线覆冰事件记录,通过建立数据之间的统计关联预测未来的导线覆冰可能性。机理模型则更侧重于理解和模拟导线覆冰形成的物理过程,从气象条件到覆冰发生的具体机制,这些模型尝试在理论上重现导线覆冰的形成过程,提供更为动态和实时的预测。本节将探讨这两种方法的优势、应用场景以及如何结合这两种模型提高导线覆冰预报的准确性和实用性。

4.3.1 统计学模型

4.3.1.1 资料介绍

使用资料包括国网冀北电力公司某部门提供的 2012—2015 年 220 kV 和 500 kV 导线覆冰事故资料以及事故发生点附近电力气象观测站观测的数据资料。导线覆冰事件包括因舞动、冰闪、冰害等造成的输电线路故障,经整理有 66 个事件,去除因距离太近而共用同一电力气象观测站的个例、舞动的个例,最终建模及验证所用个例数为 32 个;电力气象观测站数据有日最高气温、日最低气温、日降水量、日平均相对湿度和日平均风速。电力气象观测站数据为逐小时数据,在参与建模前进行了质控,并计算与距离最近的国家气象站逐小时数据的皮尔逊相关系数,均通过了 0.01 的显著性检验。

4.3.1.2 方法介绍

层次分析法由美国匹兹堡大学教授 Saaty(1980)在 20 世纪 70 年代中期提出。他的基本思想是把一个复杂的问题分解为各个组成因素,并将这些因素按支配关系分组,从而形成一个有序的递阶层次结构。通过两两比较的方式确定层次中诸因素的相对重要性,综合人的判断确定决策诸因素相对重要性的总排序。具体步骤如下:

(1)建立层次结构模型。依据风险评估要求,将模型分为 3 层,第 1 层是灾害危险度的目标层;第 2 层是灾害形成条件的准则层;第 3 层是影响因素的指标层。

(2)建立导线覆冰风险评估指标的权重判断矩阵 $\boldsymbol{T}$,其大小为各指标之间相对重要性的比较。按层次分析法,用 B_i 与 B_j 分别代表各个指标,B_{ij} 表示该项所对应的 B_i 相对 B_j 的重要程度,取值 1、3、5、7 分别表示一样重要、略重要、很重要、非常重要,2、4、6 介于上述相邻两项之间;相应倒数表示不重要程度。

$$\boldsymbol{T}=\begin{bmatrix} B_{11} & B_{12} & B_{13} & B_{14} \\ B_{21} & B_{22} & B_{23} & B_{24} \\ B_{31} & B_{32} & B_{33} & B_{34} \\ B_{41} & B_{42} & B_{43} & B_{44} \end{bmatrix}$$

(3)利用判断矩阵计算各指标的相对权重。首先计算判断矩阵 $\boldsymbol{T}$ 的最大特征根 λ 和特征向量 $\boldsymbol{W}$,然后对 $\boldsymbol{W}$ 进行归一化处理,最终可得各指标的相对权重。

(4)对判断矩阵进行一致性检验。首先计算一致性指标 CI,$\mathrm{CI}=(\lambda-n)/(n-1)$,$n$ 为判断矩阵阶数;然后查找平均随机一致性指标 RI,RI 为多次(500 次以上)重复进行随机判断矩阵特征根计算之后取算数平均得到,层次分析法给出的 RI 指标 1～9 阶分别为 0、0、0.58、0.90、1.12、1.24、1.32、1.41 和 1.45;最后计算一致性比例 CR,$\mathrm{CR}=\mathrm{CI}/\mathrm{RI}$,当 $\mathrm{CR}<0.1$ 时,认为判断矩阵的一致性是可行的,否则,需对判断矩阵做相应的修正。

数据标准化可以避免在较大数值范围内的特性凌驾于较小数值范围内的特性,数据标准化公式如下:

$$y_i=\frac{x_i-\min(x)}{\max(x)-\min(x)} \tag{4.1}$$

式中:x_i 为原始序列;y_i 为标准化后序列,$y\in[0,1]$。

4.3.1.3　建模及检验

因输电线路舞动与其他类型导线覆冰致灾显著不同,尤其表现为风速偏大及相对湿度较小,日平均风速基本在 5 m/s 以上,日平均相对湿度最小可达 40%,明显比其他导线覆冰个例相对湿度低,故而所选个例中不含输电线路舞动情况。利用 2012—2015 年导线覆冰事件及对应故障资料及其附近电力气象观测站数据,选取 32 个导线覆冰个例,建立导线覆冰风险统计学预报模型。

选取的气象要素为导线覆冰事件当日最高和最低气温、平均相对湿度、平均风速以及覆冰当日和前一日的累计降水量。大多数导线覆冰事件发生时,各项气象因子的阈值如下:日最低气温为－8～0 ℃,日最高气温为－4～4 ℃,日平均相对湿度在 80%以上,日平均风速为 1～3 m/s。为了减小各要素不同量级之间的影响,对其进行标准化。武辉芹等(2017)研究发现,雨凇造成的导线覆冰对线路的影响远大于雾凇,说明降水对导线覆冰贡献最大,因此根据专家经验,各因子对导线覆冰的贡献排序如下:降水＞相对湿度＞最低气温＞平均风速＞最高气温。由此可以得到导线覆冰相关因子的判断矩阵(表 4.4)。利用层次分析法对覆冰各相关因子赋权重,对权重矩阵求取最大特征根和对应的特征根向量,计算得 $\mathrm{CR}=0.0225<0.1$,因此可以判断矩阵的一致性是可行的。将特征根向量做均一化处理,同时考虑到温度偏低、风速偏小、降水和相对湿度偏大时,有利于导线覆冰的形成,得到导线覆冰风险预报模型公式如下:

$$y=k\times[0.435R+0.2727\mathrm{RH}+0.1568\times(1-T_{\min})+0.0901\times(1-U)+0.0453(1-T_{\max})] \tag{4.2}$$

式中:k 为判别系数,当降水为 0 mm,或最高气温＞5 ℃,或相对湿度＜60%时,$k=0$,否则为 1;R 为覆冰当日和前一日累计降水量;RH 为日平均相对湿度;$T_{\max}$、$T_{\min}$ 分别为日最高气温、日最低气温;U 为日平均风速。

表 4.4　冀北地区导线覆冰事故相关因子的判断矩阵

	降水	相对湿度	最低气温	平均风速	最高气温
降水	1	2	3	5	7
相对湿度	1/2	1	2	4	5
最低温度	1/3	1/2	1	2	4
平均风速	1/5	1/4	1/2	1	3
最高气温	1/7	1/5	1/4	1/3	1

采用百分位分类法(指将一组数据从小到大排序,并计算相应的累计百分位,则某一百分位所对应数据的值就称为这一百分位的百分位数),以 15%分位数(0.26)和 85%分位数(0.622)作为阈值,同时考虑 $y=0$ 时为 1 级,将导线覆冰风险分为 4 级,如表 4.5 所示。

表 4.5 冀北地区导线覆冰风险分级

y	覆冰风险等级	等级描述
0	1 级	无覆冰风险
(0,0.26)	2 级	覆冰低度风险
[0.26,0.622]	3 级	覆冰中度风险
>0.622	4 级	覆冰高度风险

选出 3 个来自不同线路的故障点,用 2015 年 11 月的数据进行回算。作为检验组,首先对各因子进行标准化处理,然后代入模型计算各点逐日的覆冰风险等级。

由于导线覆冰发生是多因素综合作用的结果,它既与气象条件有关,但又不完全取决于气象条件,同时,当导线覆冰而不致灾时,没有相关的记录,这也是检验的难点。因此,进行实际发生情况与模型预报对比检验时,将回算的风险等级进行分类统计,同时,实际发生导线覆冰灾害的站点使用当日的预报风险等级,将两者进行对比。当实际发生导线覆冰事件而预报为 1 级时记为漏报,而导线覆冰风险预报为 4 级但无导线覆冰事故发生时,记为空报。表 4.6 列出了 2015 年 11 月冀北导线覆冰风险预报模式应用检验结果。可以看出,实际发生导线覆冰灾害时,导线覆冰风险预报等级均在 2 级以上,无漏报。3 个覆冰事故点的回算结果中有一半以上次数覆冰风险在 2 级及以上,主要原因为冀北地区在 2015 年 11 月降雪日数偏多,降雪量大且持续,主要有 3 次降雪过程,分别持续了 3 d、4 d 和 8 d,过程最大降雪量达到暴雪量级,导致导线覆冰的风险增高,造成 2 个导线覆冰点分别有 1 次空报。

表 4.6 2015 年 11 月冀北导线覆冰风险预报模式应用检验结果 单位:次

	覆冰点 1				覆冰点 2				覆冰点 3			
	4 级	3 级	2 级	1 级	4 级	3 级	2 级	1 级	4 级	3 级	2 级	1 级
模拟风险次数	1	14	1	14	1	14	1	14	0	7	6	17
实际故障次数	0	3	0	0	0	2	0	0	0	1	2	0

4.3.2 机理模型

4.3.2.1 资料介绍

观测资料包括河北省气象信息中心提供的全省 142 个国家气象站数据,其中 20 个站为历史覆冰观测站。数据时段为 1980—2021 年,20 个历史覆冰观测站要素包括各气象站逐日南北向和东西向覆冰直径、厚度,142 个国家气象站要素包括逐年雾日数、雾凇日数和雨凇日数,15 个个例(表 4.2)对应的逐小时地面气温、过去 1 h 降水、2 m 风速、相对湿度,以及河北省电力公司提供的 2015 年 11 月覆冰灾害记录资料。

ERA5 是 ECMWF 第五代大气再分析资料,利用 CY41 R2 集成预报系统中具有 10 个成员的集合 4D-Var 数据同化系统和模式预报系统计算生成。本章选取 2015 年 11 月 19—30 日北半球 200～1000 hPa 共 23 层的逐小时雪水比、气压数据。将上述地面观测气温、1 h 降水、风速以及再分析资料对应格点上的雪水比数据作为变量输入模型计算覆冰厚度。

4.3.2.2　方法介绍

Makkonen 研究的导线覆冰模型表示为

$$\frac{\mathrm{d}M}{\mathrm{d}t}=\alpha_1\alpha_2\alpha_3 wVD \tag{4.3}$$

式中：α_1 为碰撞率；α_2 为捕获率；α_3 为冻结率；V 为风速（单位：m/s）；w 为液态水含量（单位：g/m^3）；D 为有效覆冰横截面（导线直径，单位：mm）。

α_1 采用 Finstad 等(1988)的计算方法：

$$\begin{aligned}\alpha_1&=A_1-0.028-C(B-0.0454)\\ A_1&=1.066K^{-0.00616}\exp(-1.103K^{-0.688})\\ B&=3.641K^{-0.498}\exp(-1.497K^{-0.694})\\ C&=0.00637(\varphi-100)^{0.381}\end{aligned} \tag{4.4}$$

式中：$K=\rho_w d^2V/(9\mu D)$，$\varphi=Re^2/K$，$Re=\rho_a dV/\mu$，K、φ、Re 量纲为一；ρ_w 为水的密度，取 10^3 kg/m^3；ρ_a 为空气密度，取 1.293 kg/m^3；V 为风速（单位：m/s）；μ 为空气绝对黏度，取 1.7984×10^{-5} kg/(m·s)；D 为电线直径（单位：mm）；d 为液滴直径（单位：μm），Finstad 等(1988)认为，不用计算每个液滴直径，只要知道中值体积直径（median volume diameter，MVD）即可，周悦(2012)对其值 d_{mv} 的估算方法为 $d_{mv}=(3.672+\mu_1)/\gamma$，其中普型参数 $\mu_1=\min\{151000/N_c+2\}$，$N_c$ 为粒子总数浓度，斜率 $\gamma=\sqrt[3]{\dfrac{\rho_w\pi\Gamma(\mu_1+4)}{6w\Gamma(\mu_1+1)}}$，$\Gamma$ 为伽马函数。

α_2 采用 Admirat 等(1988)提出的经验公式：

$$a_2=\frac{1}{V}，当 V<1\ \mathrm{m/s}\ 时，a_2=1 \tag{4.5}$$

当部分液滴冻结在覆冰表面，发生热传递过程中有部分覆冰融化成液态水，此时可通过冰面热平衡公式计算得到 α_3。这里 $\alpha_3=1$。

大气动力学中通常用波通量诊断 Rossby 波的传播。Plumb(1985)波通量既可以表现 Rossby 长波的时间演变过程，又可以诊断时段内天气尺度瞬变波对定长波的调控作用，其三维波活动通量的诊断方程为

$$F_s=\frac{z}{z_0}\cos\delta\times\begin{pmatrix} v'^2-\dfrac{1}{2\Omega r\sin2\delta}\dfrac{\partial(v'\phi')}{\partial\lambda}\\ -u'v'+\dfrac{1}{2\Omega r\sin2\delta}\dfrac{\partial(u'\phi')}{\partial\lambda}\\ \dfrac{f}{s}\left[v'T'-\dfrac{1}{2\Omega r\sin2\delta}\dfrac{\partial(T'\phi')}{\partial\lambda}\right]\end{pmatrix} \tag{4.6}$$

式中：上标“′”表示纬向偏差；δ、λ、ϕ、$f=2\Omega\sin\delta$、r、Ω 分别表示纬度、经度、位势高度、科氏参数、地球半径和地球自转速率；u、v 为相对风速地转风分量；$z_0=1000$ hPa；$s=\partial\overline{T}/\partial\zeta+\overline{kT}/H$，$\zeta=-H\ln(z/z_0)$；$z$ 为气压；ζ 为关于气压 $\lg z$ 的垂直坐标；T 为各等压面高度的气温；$k\approx0.286$，为气体常数与比定压热容之比；$H=8$ km 是标高。

Jones 雨凇覆冰模型是一种用于预测雨凇（也称为凝冻雨）覆冰厚度的气象模型，主要通过考虑降水量、气温、风速等气象因素评估覆冰的可能性和厚度。模型的关键在于它可以根据

不同的气象条件估算冰层的生长速率，帮助电力公司及时采取应对措施，如进行除冰或加强电力设施的维护，保障电力系统的稳定运行。其公式如下：

$$r_{eq}=\frac{1}{\rho_i\pi}[(P\rho_w)^2+(3.6V\times 0.067P^{0.846})^2]^{1/2} \tag{4.7}$$

标准化系数 J：

$$J=\begin{cases}0, & T_W\leqslant T_L\\ \dfrac{T_U-T_W}{T_U-T_L}, & T_L<T_W<T_U\\ 0, & T_W\geqslant T_U\end{cases} \tag{4.8}$$

式中：r_{eq} 为 Jones 雨凇覆冰模型计算的覆冰标准冰厚增长量；ρ_i 为冰的密度（0.9 g/cm^3）；ρ_w 为水的密度（1.0 g/cm^3）；P 为降水强度（mm/h）；V 为风速（m/s）；T_w 为 2 m（距地面高度，下同）气温；T_U、T_L 分别为 2 m 气温的上、下限阈值。

Jones 模型仅适用于冻雨天气下的雨凇覆冰模拟。除冻雨之外，其他类型的混合降水（如冻雨夹雨、冻雨夹冰粒、冻雨夹雪）也会形成雨凇，因此该模型与 Makkonen 模型共同参与计算，解决雨雪过程转换导致混合凇的问题。

4.3.2.3 建模及检验

根据覆冰厚度变化，覆冰过程可分为增长阶段、维持阶段和脱落阶段。维持阶段积累在电线上的冰的重量保持不变；增长阶段覆冰厚度随着电线上的雾凇或湿雪的冻结而增加；在脱落阶段，由于热力融化和升华脱冰，覆冰厚度减小。邓芳萍等（2017）将－10 ℃作为覆冰发生和脱落的气温阈值，但该阈值并不一定具备普适性，武辉芹等（2017）指出，河北省输电线路相对地面观测站气温低 3 ℃左右，因此本章将－13 ℃作为河北省雾凇覆冰气温阈值。

覆冰生消阶段判识模型如下：

$$G=t\times p\times c \tag{4.9}$$

式中：G 为覆冰生消阶段判识指数；t 为 2 m 气温分指标；p 为降水分指标；c 为雪水比分指标。

气温分指标 t 的公式如下：

$$t=\begin{cases}0, & t<-13\\ 1, & -13\leqslant t\leqslant 0\\ 0, & t>0\end{cases} \tag{4.10}$$

式中：t 表示高原山区（海拔超过 200 m）的 2 m 气温（单位：℃）。

降水分指标 p 的公式如下：

$$p=\begin{cases}0.5, & p\leqslant 0.1\\ 1, & p>0.1\end{cases} \tag{4.11}$$

式中：p 表示过去 1 h 降水量（单位：mm）。

雪水比分指标 c 的公式如下：

$$c=\begin{cases}0, & c_{700}=c_{850}=c_{1000}=0\\ 0.5, & c_{700}\times c_{850}\times c_{1000}=0 \text{ 且 } c_{700}+c_{850}+c_{1000}>0\\ 1, & c_{700}=c_{850}=c_{1000}\neq 0\end{cases} \tag{4.12}$$

式中：c_{700}、c_{850}、c_{1000} 分别表示 700 hPa、850 hPa、1000 hPa 的雪水比含量。

按照覆冰生消阶段判识模型，根据地形、气温、降水和雪水比，即可得到覆冰生消阶段判识

指数 G。$G=0$ 表示覆冰处于消融阶段，$G=1$ 表示覆冰处于增长阶段，$0<G<1$ 表示覆冰处于维持阶段。

热力融冰根据 Farzaneh 等（2005）的经验公式计算：

$$\Delta M_t = -87 - 80T_t \tag{4.13}$$

式中：ΔM_t 为单位时次覆冰质量的变化量（g/℃）；T_t 为当前时次的气温（℃）。当温度低于 −13 ℃时，出现升华脱冰现象，取 $\Delta M_t = -7$。

根据个例垂直剖面图空间分布特征，提取出事故发生前 6 h 平均的地面气象要素值。表 4.3 中雪水比为 0 的 6 个个例在该统计方法下均出现了雪水比，说明能够相对有效地反映覆冰开始生成时刻的气象条件，也为定量计算覆冰厚度模型的启动阈值提供了参考标准。

根据表 4.7 给出的事故发生前 6 h 平均气象要素值及热力融冰、升华脱冰温度阈值，制定模型启动标准，当气温低于 0 ℃且不低于 −13 ℃，700 hPa、850 hPa、1000 hPa 同时存在雪水混合物时，认为覆冰处于增长阶段，启动模型计算。图 4.5 给出了 4 条线路反演的覆冰厚度随时间变化曲线，所有事故点均反演出 3～7 mm 的覆冰厚度，且均处于覆冰增长阶段。值得注意的是，针对气温短暂降至 −13 ℃以下后又迅速回升的情况，该模型也能够较好地反映出覆冰厚度与气温的关系。

表 4.7　事故发生前 6 h 平均的地面气象要素值

个例	露点/℃	气温/℃	降水/mm	雪水比/(10^{-6} kg/kg)	风速/(m/s)	相对湿度/%
1	−3.41	−3.08	0	200	0.72	97
2	−3.35	−3.06	0	100	0.72	97
3	−2.82	−2.36	0	300	1.02	96
4	−2.27	−2.25	0	580	1.00	99
5	−2.40	−2.37	0	640	1.17	99
6	−4.14	−3.70	0	1170	1.90	96
7	−5.32	−4.63	0	1260	1.94	94
8	−4.87	−3.99	0	890	1.96	93
9	−5.85	−5.01	0	380	2.49	93
10	−5.81	−4.91	0	400	2.47	93
11	−8.49	−7.04	0	20	1.06	89
12	−6.40	−3.14	0	90	1.54	78
13	−11.32	−9.32	0	1320	1.60	85
14	−11.86	−10.86	0	30	1.12	92
15	−12.16	−11.27	0	10	0.75	93

本节详细探讨了两种导线覆冰预报方法，从传统的统计学模型到复杂的机理模型，每种方法都在提高覆冰预测的精确度和可靠性方面发挥了关键作用。统计学模型依赖历史数据来揭示覆冰事件与气象变量之间的关系，机理模型则深入探讨了覆冰形成的物理过程，提供了更为动态和实时的预测能力。尽管这些模型各有优势，但真正的挑战在于如何将它们整合应用于实际操作中，实现更为精确和及时的覆冰预警。

未来的研究应该集中于提高模型的综合性和适应性，特别是在变化多端的气候条件下。

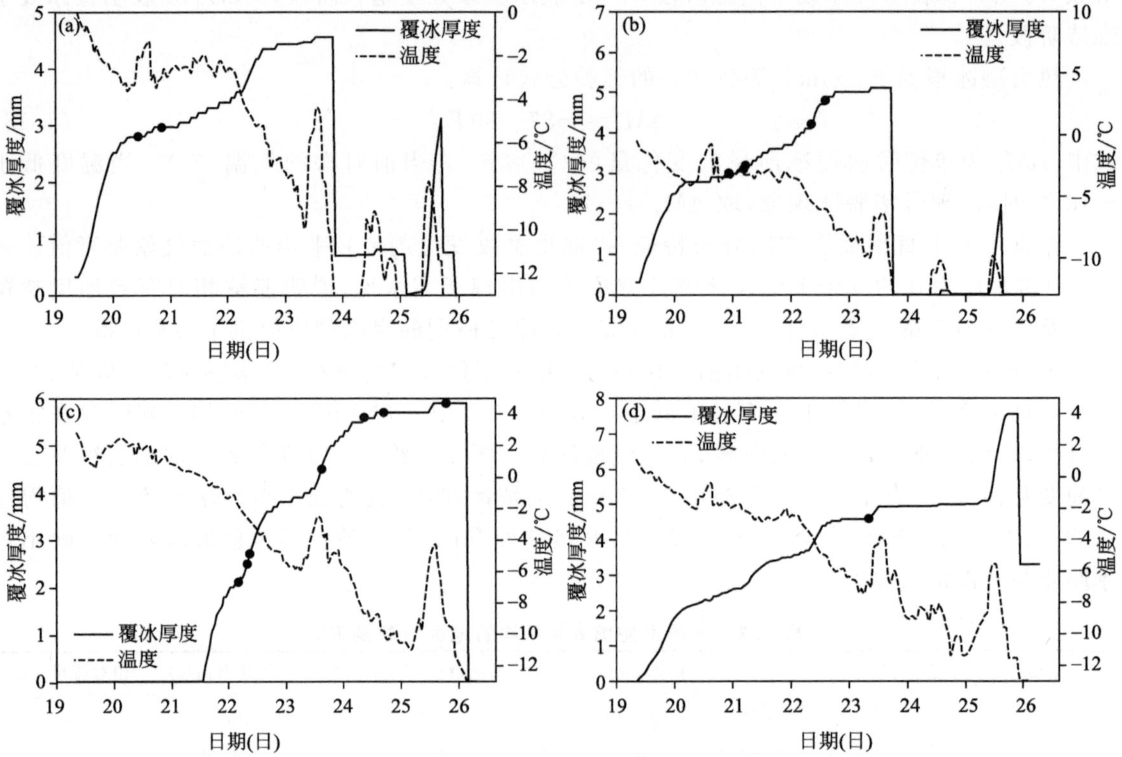

图 4.5 2015 年 11 月 20—25 日模拟的 4 条受影响线路(a～d)覆冰厚度(黑色实线)和温度(黑色虚线)变化曲线(黑色点为覆冰跳闸事故记录)

此外，随着数据采集技术和人工智能的不断发展，引入更先进的数据处理技术和学习算法，将进一步提升预报模型的性能。通过持续优化这些预报方法，并与实时数据监测系统相结合，可为电力系统运营商提供更为有效的决策支持，最大限度地减少覆冰带来的风险，确保电网的稳定与安全。

第 5 章　大风灾害预报预警技术

5.1　大风引发电网设施故障特征

近地层风的状况是天气过程形成的重要因素，也对诸多行业运营和人们的生产生活有着重要影响。大风灾害是造成电力供应中断的主要自然灾害之一，可造成电杆被刮倒、风偏闪络甚至电塔倒塔等事件(付桂琴 等，2012)，其中强对流引发的雷暴大风对输电线路的影响尤为显著(周象贤 等，2021)。

5.1.1　电网故障记录特征分析

据河北某电网提供的大风引发故障事件记录，大风造成河北某电网故障种类主要有风刮异物、风偏、导线舞动、倒塔 4 种。其中，风刮异物、风偏故障记录时段为 2007—2021 年，导线舞动记录时段为 2010—2021 年，倒塔事件记录时段为 2002—2021 年，共得到有确切记录的故障事件 348 件。风刮异物是指大风将塑料、彩钢板、广告条幅等异物吹起落至导线上，容易造成放电引发跳闸。过去 15 年，河北某电网发生风刮异物事件共计 190 次。风偏是指风速超过线路设计风速阈值引发的导线与塔身距离过近而放电的现象，共收集到风偏故障记录 107 次。导线舞动是指在导线覆冰的情况下，因风力过大造成导线舞动，引起放电甚至断线。河北某电网过去十几年发生过的导线舞动事件共 26 次，分别发生于 2010 年、2016 年、2020 年和 2021 年，其中 2021 年 2 月 14 日在沧州沿海发生大面积导线舞动事件。倒塔是指因风力巨大造成铁塔倒塌，这是最严重的风灾引发的电网故障事件。近 20 年来，河北某电网有确切记录的倒塔事件共计 25 次。

从时间特征上看，风刮异物和风偏事件呈现出略增多的年际变化趋势，导线舞动和倒塔事件个例较少且分散，年际变化不明显。风刮异物和风偏事件较为集中地出现在 3—10 月，6—8 月最多。倒塔事件主要出现在春夏季，6—7 月最多，共计 20 次，占总数的 80%(图 5.1)。导线舞动主要出现在冬季或春季。由此可见，河北某电网大风引发的故障事件多是由对流性大风造成。

从空间特征(图 5.2—图 5.5)上看，风刮异物事件在电网范围内的每个行政区域都发生过，保定东南部、石家庄中部地区相对集中。风偏事件主要发生于邢台、邯郸中部地区以及保定中东部。导线舞动事件集中在沧州沿海。倒塔事件集中在石家庄、邢台及邯郸中部地区。

5.1.2　《中国气象灾害大典》(河北卷)记录特征分析

利用 1981—2020 年《中国气象灾害大典》(河北卷)以及河北省气候中心、河北省气象灾害防御和环境气象中心搜集到的气象灾情资料，将其中有明确记录气象灾害对电网设施安全造成影响的作为一条有效记录，归纳得到以县(市、区)为单位的灾情样本共计 1384 条，每县每发

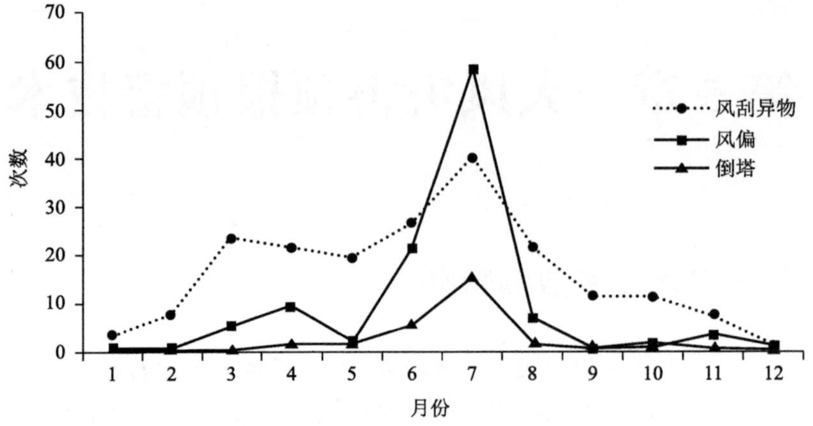

图 5.1　2007—2021 年大风引发河北某电网故障事件时间分布

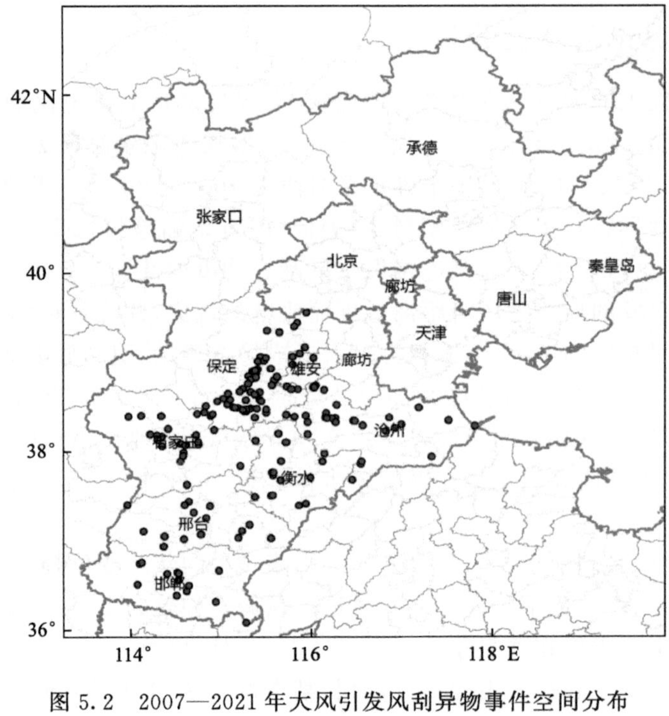

图 5.2　2007—2021 年大风引发风刮异物事件空间分布

生一次记为 1 起。

在搜集到的 1384 条气象灾害对电网设施安全造成影响的灾情记录中，有 767 条因大风引发，占样本总数的 55.4%；332 条因雷击引发，占样本总数的 24.0%；243 条因暴雨洪涝引发，占样本总数的 17.6%；另外，由雾和雪灾引发的也有少量记录，分别为 28 条和 14 条，占样本总数的 2%以内。可见，大风对电网设施的安全威胁最大。

大风对电网设施安全的影响主要表现为刮断电杆、损坏线路、损坏变压器以及造成倒塔事件。在 767 条大风引发的电网设施受损的样本中，刮断电杆是最常见的事件，累计发生 616 起，其中单独发生 308 起，与其他事件合并发生的有 308 起（表 5.1）；损坏线路事件累计发生

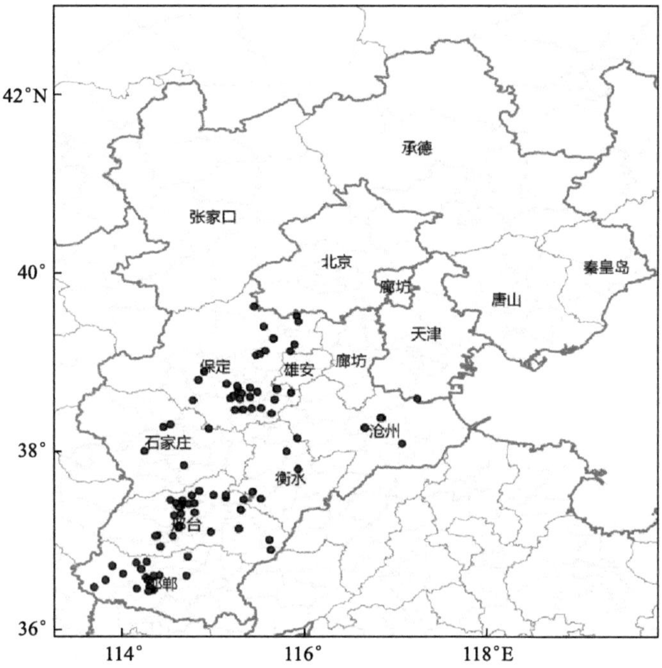

图 5.3　2007—2021 年大风引发风偏事件空间分布

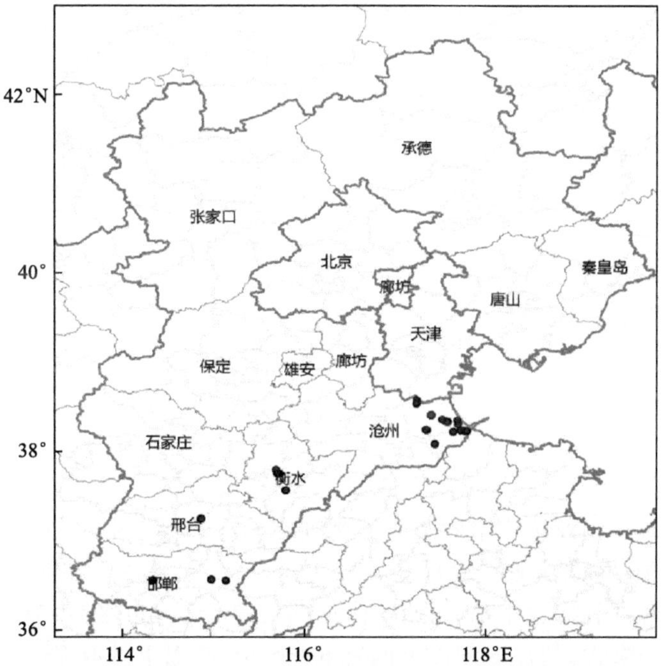

图 5.4　2007—2021 年大风引发导线舞动事件空间分布

522 起，其中单独发生 243 起，与其他事件合并发生 279 起；损坏变压器事件一般与刮断电杆和损坏线路同时发生，累计 171 起；倒塔事件有确凿记录的有 10 起。

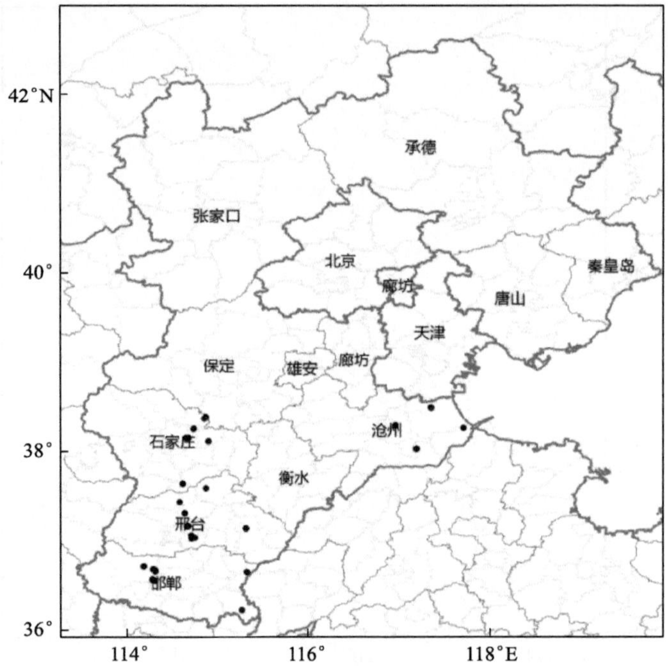

图 5.5　2002—2021 年大风引发倒塔事件空间分布

表 5.1　近 40 年大风灾害对电网设施安全影响的样本分布　　单位:起

	刮断电杆	损坏线路	损坏变压器	倒塔
单独发生	308	243	9	4
多种同时发生	160	160		
	41		41	
	103	103	103	
	1		1	1
	1	1		1
	2	2	2	2
		13	13	
			2	2
合计	616	522	171	10

针对大风灾害对电网设施安全的影响绘制其空间分布图(图 5.6),发现 1981—2020 年这 40 年间,大风引发的电网设施安全事件地域性比较显著,主要集中在燕山南麓、东部沿海以及太行山东麓的保定南部和邢台中部。据统计,全省 142 个县(市区)中有 138 个出现过因大风引发的电网设施受损事件,超过 5 起以上的有 69 个,10 起以上的有 18 个,其中迁安最多达 20 起,其次丰润 18 起、定州 17 起,唐山市的唐县、玉田、唐海、遵化、乐亭、迁西以及沧州沿海的南皮、吴桥均在 10～15 起。

图 5.7 是 1981—2020 年河北省因大风引发的电网设施安全事件次数的年际变化。可以看出,大风引发的电网设施安全事件在 20 世纪 90 年代发生较多,其中 1998 年最多,为 63 起,

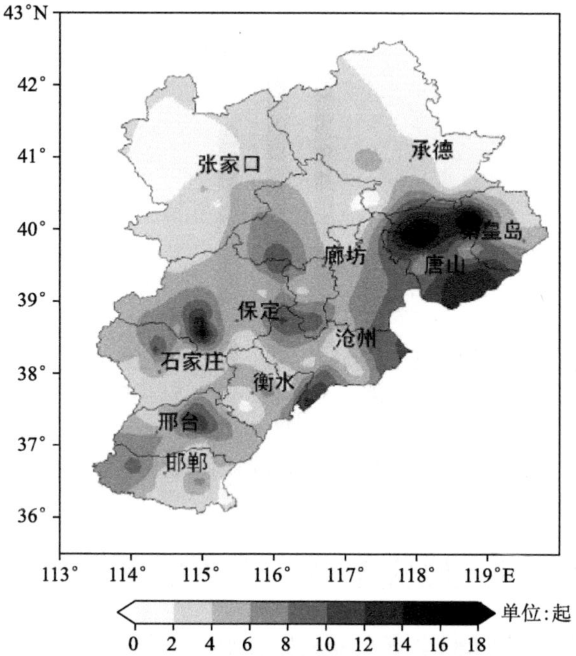

图 5.6 1981—2020 年河北省大风灾害造成电网设施受损事件空间分布

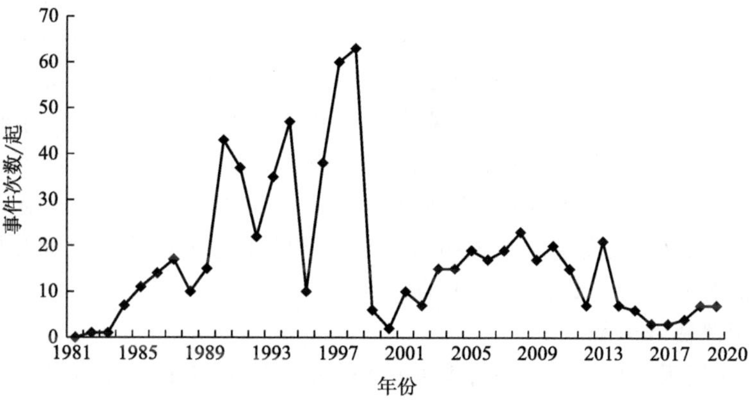

图 5.7 1981—2020 年河北省因大风引发的电网设施安全事件次数的年际变化

其次是 1997 年 60 起，再次是 1994 年和 1990 年均超过 40 起。整体呈下降趋势，下降速率为 2.22 起/(10 a)，R^2 平均值为 0.0279，显著性并不强。总体来说，40 年来，大风灾害造成电网设施受损事件数量呈减少趋势，当然这也一定程度得益于电网设施硬件技术的发展完善和防灾能力的提升。

从大风引发的电网设施安全事件次数的月际变化(图 5.8)可见，事件的月际变化特征十分明显，集中发生在夏半年(4—9 月)，主要由雷雨大风引发。其中，6—8 月发生次数占 78.1%，6 月、7 月累计次数分别高达 210 起和 216 起；5 月、9 月因大风引发的事件也较多，在 45～64 起；其他月份发生较少，1 月、2 月均仅有 3 起，11—12 月未搜集到相关记录。

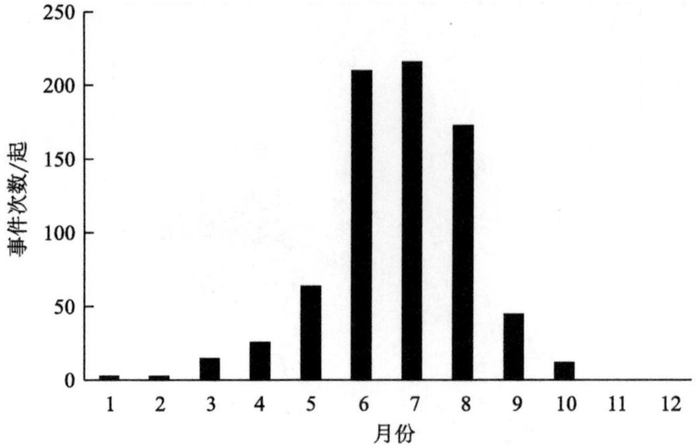

图 5.8　1981—2020 年河北省因大风引发的电网设施安全事件次数的月际变化

5.2　影响电网运行的大风灾害监测预警技术

5.2.1　一次大风引发的倒塔事件诊断分析

5.2.1.1　事件概述及天气背景

2021 年 7 月 31 日 16:00—17:30，河北某电网邯郸供电公司发生 2 起倒塔事件，一起是 110 kV 线路，记录为 A 事件，发生时间约 16:40，共造成 8 基杆塔倒塔；另一起是 220 kV 线路，记录为 B 事件，发生时间约 17:15，有 9 基杆塔倒塔。事件发生当天 08:00，东亚中高纬地区经向度高，西风槽活跃，500～700 hPa 蒙古国东部至我国华北地区上空为典型阶梯槽配置，河北南部位于两槽线之间，受东侧槽后西北气流控制。850 hPa 位于低涡西南象限的偏西气流中，有一切变线位于山西北部地区，邯郸地区受暖舌控制，暖中心温度最高达到 28 ℃，与 500 hPa 温差达到 34 ℃，温度层结呈现明显的上冷下暖不稳定结构。地面冷锋位于河北西北部—山西北部，邯郸地区位于锋前弱气压场中。

5.2.1.2　雷达探测资料分析

导致这次强对流天气的对流风暴单体(A0)最初于 7 月 31 日 14:06 生成于邢台市信都区与山西省和顺县交界处，随后强度增强并缓慢向东南方向移动，15:30 其西侧生成另一对流风暴单体(I0)并迅速增强、范围扩大，16:18 两个对流单体合并。

16:00，单体 I0 中层 4.5～8 km 高度处开始出现逆时针旋转的中气旋。16:18，中气旋已向垂直方向伸展至 2～12 km 高度，并且呈现出低层辐合和风暴顶辐散特征，中气旋旋转最强速度 48 m/s。16:30，雷达最低仰角的基本反射率产品上与低层中气旋对应位置出现了典型的钩状回波(图 5.9a)，中层 6～10 km 范围出现有界弱回波区(图 5.9b)，垂直结构上对应回波悬垂和穹隆结构(图 5.10a)，入流气流自其东南侧低空涌入单体内部，随后在内部转为垂直上升气流，急速旋转上升至风暴顶后向外辐散(图 5.10b)，其中画面右侧为东南方向，左侧为西北方向，表明此时风暴单体已发展至成熟阶段，其前方很可能即将受前侧下沉气流影响出现极端大风，甚至有可能发生龙卷接地事件。16:48—17:24，邯郸武安东南部、磁县和复兴区西部一带雷达速度最低仰角产品上出现回波缺口，对应雷达径向速度图上出现强烈辐散区。

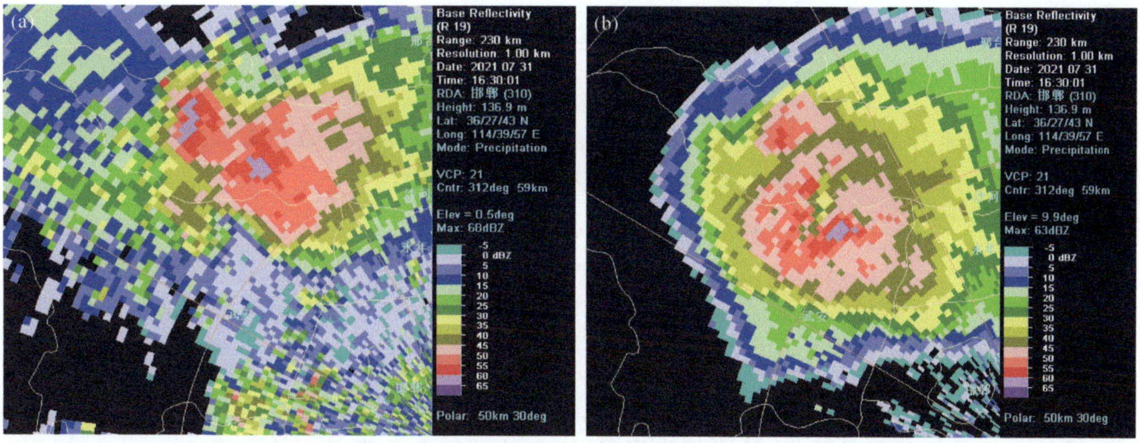

图 5.9　7 月 31 日 16:30 邯郸雷达 0.5°(a)、9.9°(b)仰角基本反射率图像

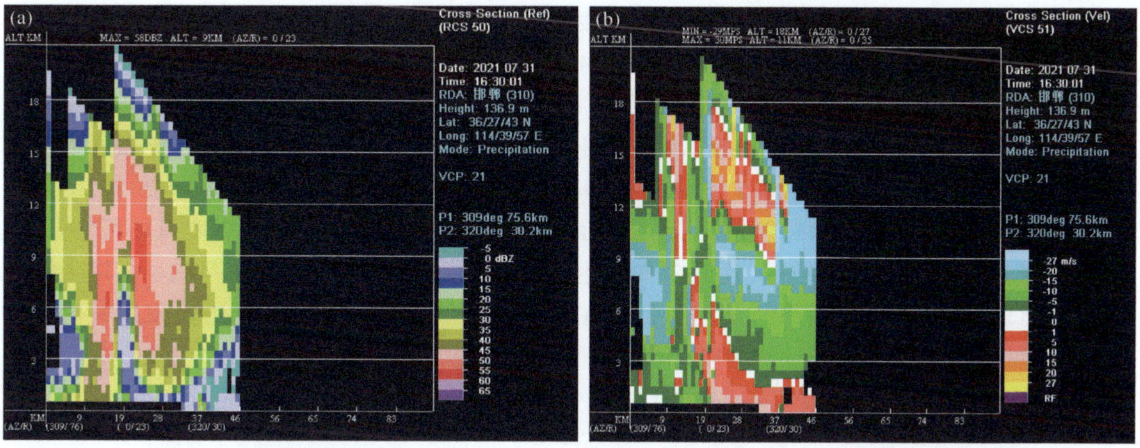

图 5.10　7 月 31 日 16:30 邯郸雷达基本反射率(a)、径向速度(b)垂直剖面图像

5.2.1.3　自动站观测数据分析

为了进一步分析倒塔事件的成因，掌握局地风的真实情况，采用双调和样条插值法对地面观测的风进行插值，该方法具有插值精度高、计算时间短等优点(Deng et al.,2011)。具体方法如下：

假设已知点中的第 i 个点坐标向量为 $\boldsymbol{X}_i$，p_0 为一个未知点，已知其坐标向量 $\boldsymbol{X}_0$，首先计算 p_0 到所有已知点的距离 r_{0i}：

$$r_{0i}=|\boldsymbol{X}_i,\boldsymbol{X}_0|,\quad i=1,2,\cdots,n \tag{5.1}$$

采用 MergeSort 排序算法(O(nlogn))得到距离 p_0 最近的 k 个已知点(x_j,y_j,z_j)，根据筛选的 k 个已知点信息，计算 $k\times k$ 的格林函数矩阵 $\boldsymbol{G}$：

$$\boldsymbol{G}=\begin{bmatrix} d_{11} & d_{12} & \cdots & d_{1k} \\ d_{21} & d_{22} & \cdots & d_{2k} \\ \vdots & \vdots & & \vdots \\ d_{k1} & d_{k2} & \cdots & d_{kk} \end{bmatrix} \tag{5.2}$$

$$d_{ij}=\begin{cases}0, & r_{ij}=0\\(\ln r_{ij}-1)r_{ij}^2, & r_{ij}\neq 0\end{cases} \tag{5.3}$$

$$r_{ij}=\sqrt{(x_i-x_j)^2+(y_i-y_j)^2} \tag{5.4}$$

求解权重矩阵 $\boldsymbol{W}$：$\boldsymbol{W}=\boldsymbol{G}^{-1}Z$。再计算 p_0 点的 $1\times k$ 的格林函数矩阵 $\boldsymbol{G}_p$：

$$\boldsymbol{G}_p=[d_{01}\quad d_{02}\quad \cdots\quad d_{0k}] \tag{5.5}$$

其中，d_{0j} 计算公式参照式(5.3)，然后可得 p_0 点的值 z_p：

$$z_p=\boldsymbol{G}_p\boldsymbol{W} \tag{5.6}$$

最后按上述过程计算其他点 p_i 的值 z_{pi}，其中参数 k 的确定根据插值误差估计式(5.7)：

$$e_{z_p}=[(\boldsymbol{G}_p\boldsymbol{G}^{-1})(\boldsymbol{G}_p\boldsymbol{G}^{-1})^{\mathrm{T}}]^{\frac{1}{2}}m_Z \tag{5.7}$$

式中：m_Z 为 Z 的均方根误差。可以看出，$\boldsymbol{G}_p$ 越大则误差越大，因此建议选最近的点进行插值，具体可根据插值误差需求，给定搜索半径，进而估计每个插值点 k 的取值。

分析 16:00—16:50 邯郸武安、沙河、峰峰及周边区域内国家气象站及区域自动气象站加密观测的极大风资料，发现地面距离 A 事件发生位置最近的区域自动气象站观测到的最大阵风为 31.4 m/s，对应时间是 16:40。运用双调和样条插值法，处理得到地面 10 m 高度风场分布(图 5.11)，可见 10 m 高度极大风的高值区域位于武安东北部，风速超过 35 m/s，A 事件发生位置恰好处于高值中心附近。据了解，受损电塔高度 18～27 m，因此塔身上半段所处高度的风速要大于 35 m/s，超过 23.5 m/s 的杆塔抗风设计标准(中国电力企业联合会，2010)。分析 17:00—17:30 武安、峰峰、复兴区、磁县地面极大风反演的距地面 10 m 高度风场可知，大风区整体向 B 事件发生地点推进，且 B 事件发生地点由偏北大风转为东南大风，10 级以上阵风持续时间较长。因此，A 事件的发生主要是由于阵风风力过大导致，B 事件的诱发因素除风力过大还包括风向的切换，导致塔身变形严重。

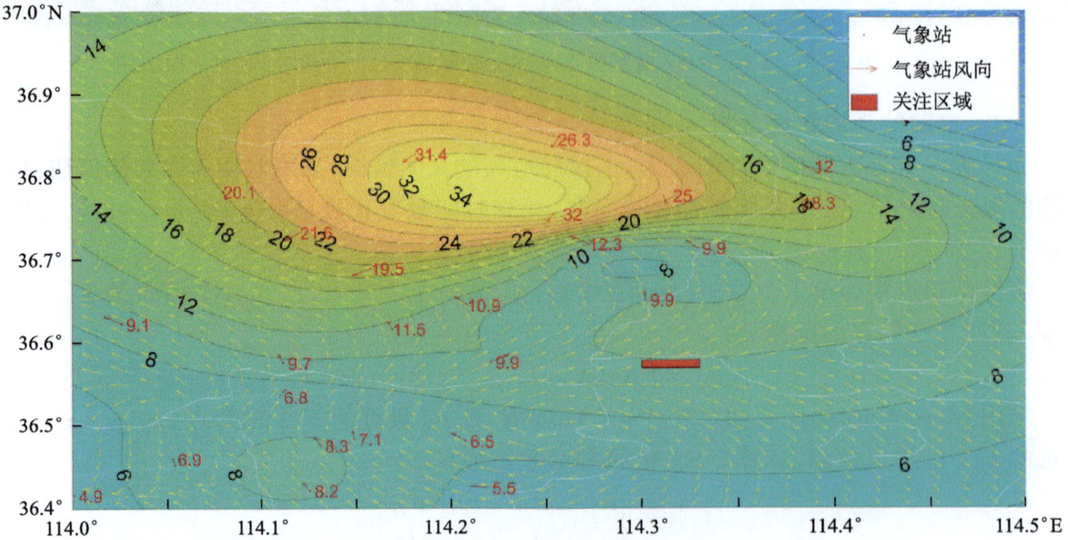

图 5.11　运用 7 月 31 日 16:00—16:50 武安、沙河、峰峰及周边区域地面极大风反演的地面 10 m 高度风场分布

5.2.1.4　短时临近预报产品分析

利用短时临近预报系统(INCA)输出未来 4 h 内逐 10 分钟阵风风速预报产品(图 5.12),图 5.12a—d 分别对应 7 月 31 日 13:30、14:30、15:30、16:30 预测的未来 4 h、未来 3 h、未来 2 h、未来 1 h 的阵风预报。可见,INCA 提前 3 h 能够反映出事件地点周边约 5 km 范围即将出现 20 m/s 以上大风,提前 2 h 能够反映出周边约 20 km 范围内即将出现 30 m/s 大风,提前 1 h 能够反映出周边约 10 km 范围内即将出现 30 m/s 大风。经与实际情况对照,发现 INCA 预报的阵风产品提前 3 h 预报落区较为可信,而提前 2 h 预报风力等级较为可信,整体来讲,预报范围偏大。

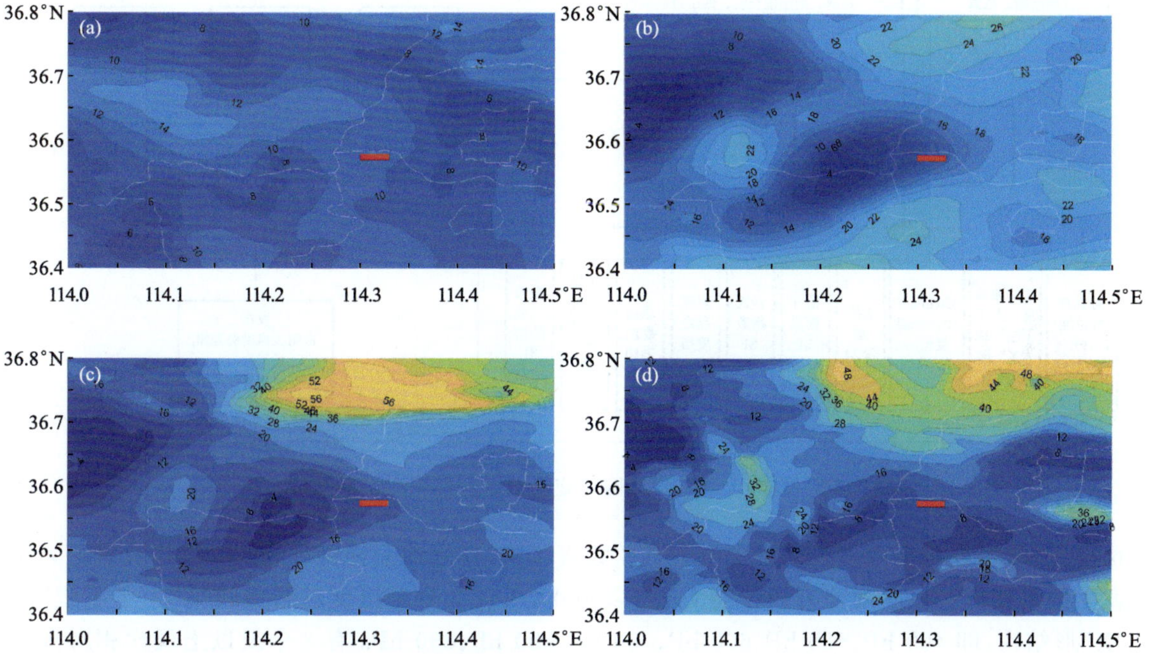

图 5.12　7 月 31 日 INCA 预报未来 1～4 h 阵风风速(▬表示关注区域)

(a)13:30 起报;(b)14:30 起报;(c)15:30 起报;(d)16:30 起报

5.2.2　大风引发倒塔事件判识流程

根据上述分析,重点针对雷雨大风引发的电网设施受损进行风险判识。选取其中一些典型个例,通过翻查对应的历史气象资料,结合本地预报经验,总结出雷雨大风引发电网设施事故风险预报预警发布流程(图 5.13),供预报服务人员在业务过程中参考。

雷雨大风多发生在午后或傍晚,因此每天 08:30 左右,分析地面、高空气象观测资料以及数值模式输出的预报资料,研判当天 09:00—次日 08:00 这一时段内的大尺度天气环流背景。当(35°—52°N,109°—128°E)范围 500 hPa 有冷涡、高空槽、低涡活动,或者(36°—43°N,112°—121°E)范围 700 hPa、850 hPa 有切变线、槽线活动,或者地面天气图有冷锋、地面辐合线、低压带或倒槽活动时,需继续分析探空资料和物理量,否则认为未来 24 h 不存在对流性大风引发电网设施故障风险。

探空资料和物理量诊断同时满足以下 10 项条件时,发布雷雨大风引发电网设施故障潜势

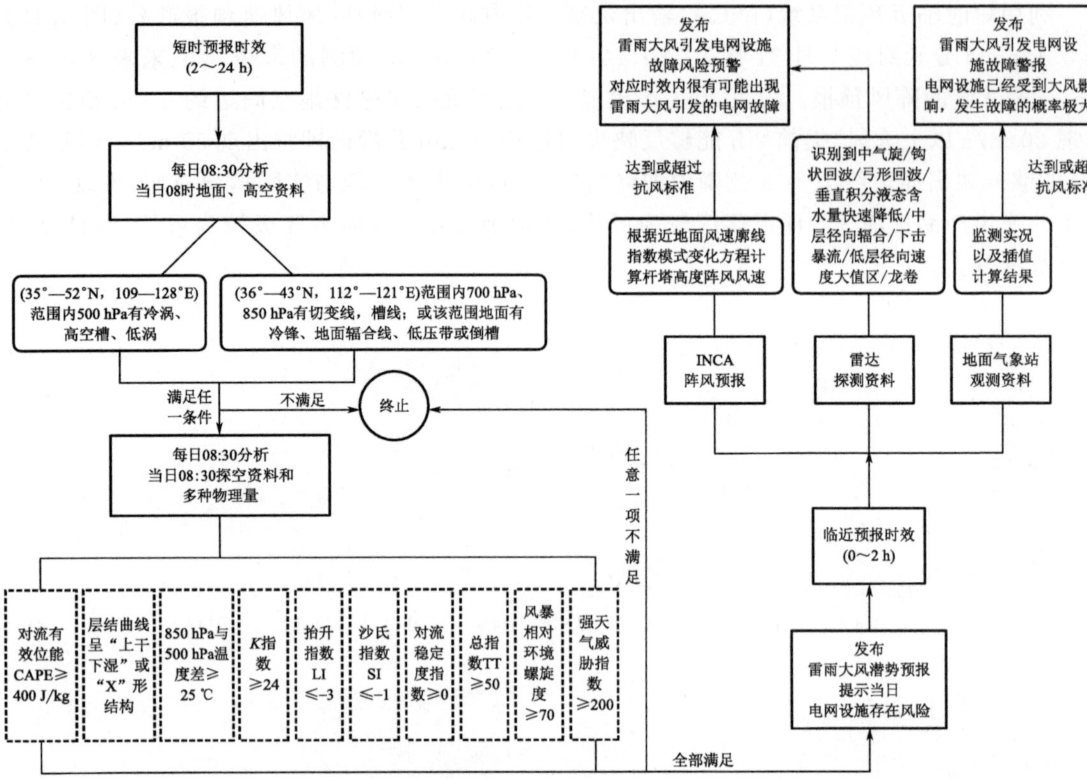

图 5.13　雷雨大风引发电网设施受损风险判识和预警发布流程

预报，表示存在因雷雨大风引发的电力气象灾害风险，提醒预报资料对应的时段将有雷雨大风发生的可能性。一是对流有效位能 CAPE≥400 J/kg；二是温湿度层结曲线呈“上干下湿”或“X”形结构，即 400 hP、500 hP、600 hP、700 hP、800 hP、850 hPa 有 3 个及以上层次相对湿度 RH<50%，但 850 hPa 至地面间有任意一个或多个层次相对湿度 RH≥80%，或者 700 hP、800 hP、850 hP、925 hP、地面之中任意 1～2 个层次相对湿度 RH≥70%，其余层次相对湿度 RH<50%，或者虽不满足前两项指标，但所有层次相对湿度均小于 90%，且 400 hP、500 hP、600 hP、700 hP、800 hP、850 hP、925 hP、地面之中有 4 个或更多层次相对湿度为 70%～90%，且 600 hPa 以下存在假相当位温随高度升高而减小的对流不稳定层，对流不稳定层的假相当位温差≥15 K；三是 850 hPa 与 500 hPa 温度差 $T_{850}-T_{500}\geqslant 25$ ℃；四是 K 指数≥24；五是抬升指数 LI≤−3；六是沙氏指数 SI≤−1；七是对流稳定度指数 $\theta_{se850}-\theta_{se500}\geqslant 0$；八是总指数 TT≥50；九是风暴相对环境螺旋度（SREH）≥70；十是强天气威胁指数（SWEAT）≥200。

发布雷雨大风引发电网设施故障潜势预报后，须在临近预报时效内（1～2 h）严密监视天气变化。首先根据 INCA 短时临近预报系统输出的未来 2 h 内逐 10 分钟阵风风速预报产品进行判识。滚动利用 INCA 输出的未来 2 h 内阵风风速预测结果，通过近地面风速廓线指数模式变化方程（$u=u_1\left(\frac{z}{z_1}\right)^{\alpha}$，其中 u_1 为高度 z_1 的平均风速，u 为近地层任一高度 z 上的平均风速，α 为某一与层结有关的参数。参数因季节和地区的不同有所差异，夏季参考值取值范围 0.21～0.26）计算电力线路和杆塔所在高度处的阵风风速，结合电力输电线路和杆塔设计抗风标准，当该高度处的阵风风速达到或超过抗风设计标准的 90%并持续 10 min 以上时，立即发布雷雨大风引发电网设施故障风险预警，表示发生电网设施故障的可能性极高，具体预警等级根据风速或当地业务规定或与用户约定的应急预案标准确定。同时，需要结合多普勒天气雷达探测资料，当探测到中气旋，或者 0.5°、1.5°低仰角基本反射率产品中探测到钩状回波，或者各仰角的基本反射率产品中探测到弓形回波，或者探测到快速降低的垂直积分液态水含量（VIL≥40 kg/m^3 的情况下，雷达相邻两个体扫时间内 VIL 减小 10 kg/m^3），或者雷达径向速度产品探测到距地面 3～9 km 高度出现较为集中的径向辐合区，辐合区的正负速度差值大于 25 m/s，或者探测到下击暴流，或者探测到低层径向速度大值区，或者探测到龙卷涡旋特征（TVS）时，立即发布雷雨大风引发电网设施故障风险预警。

利用地面气象站实时观测的阵风风速，通过近地面风速廓线指数模式变化方程计算电力线路和杆塔所在高度处的阵风风速，结合电力输电线路和杆塔设计抗风标准，当该高度处的阵风风速达到或超过设计抗风标准时，立即发布雷雨大风引发电网设施故障警报，表示电网设施很可能已经受到大风影响，可能出现风偏灾害甚至倒塔事件。

5.3 风偏灾害预报方法

5.3.1 风偏预测模型

风偏事故是电网正常运行的重大安全隐患，且线路因风偏故障后重合闸不易成功，严重影响电网正常运行，造成重大的经济损失。

风偏模型主要依赖于极大风速、风向、降水强度、杆塔属性、输电线路属性等。

5.3.1.1 垂直杆塔的风速分量

依据数值预报的阵风值（Gust）和平均风（usfc，vsfc），计算阵风 u、v 分量：

$$u = \mathrm{Gust} \times \frac{\mathrm{usfc}}{\sqrt{\mathrm{usfc}^2 + \mathrm{vsfc}^2}}, v = \mathrm{Gust} \times \frac{\mathrm{vsfc}}{\sqrt{\mathrm{usfc}^2 + \mathrm{vsfc}^2}}$$

若无阵风预测，则利用经验公式将平均风转为极大风，转换公式：

$$u = 1.565(\mathrm{usfc} + 1), v = 1.565(\mathrm{vsfc} + 1)$$

下面根据杆塔位置与预测的 u、v 风，计算杆塔位置垂直于线路的风速 V。

基于数值模型网格预测提取得到杆塔 1 位置的 u，同理得到杆塔 1 位置的 v；线路走向采用下一个杆塔 2 与当前杆塔 1 的位置信息得到的直线（图 5.14，方向：上北右东，u 为正，代表西风，向东吹，v 为正，代表南风，向北吹）。

以杆塔 1 位置为原点的坐标系下，实际风速 $\boldsymbol{s}$ 向量表示为 (u, v)，1 和 2 间线路走向为向量 $(x_2 - x_1, y_2 - y_1)$；则实际风速与线路间夹角 θ 满足：

$$\cos\theta = \frac{u(x_2 - x_1) + v(y_2 - y_1)}{\sqrt{u^2 + v^2} \times \sqrt{(x_2 - x_1)^2 + (y_2 - y_1)^2}}$$

即可计算得到夹角 θ，则垂直于线路的风速为

$$V = \left| \sqrt{u^2 + v^2} \times \sin\theta \right|$$

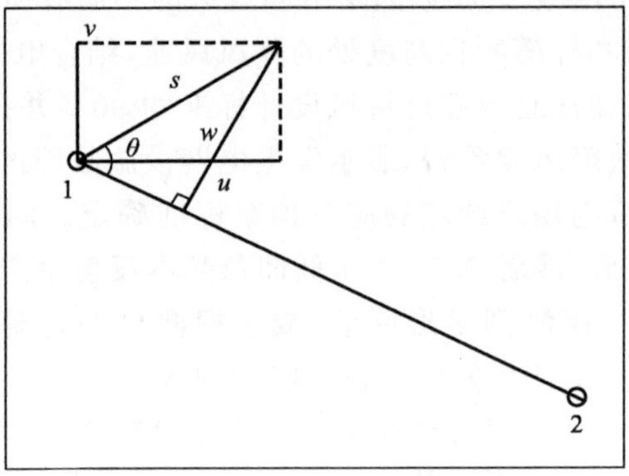

图 5.14　杆塔位置示意图

5.3.1.2　实际最大风偏角

理论风压（N/m^2 或 Pa），即单位面积上受到垂直风 V 带来的力为

$$P_0 = \frac{\rho}{2} V^2$$

式中：V 为水平面上线路受到的垂直风速；ρ 为空气密度，标准为 1.25 kg/m^2。

实际电线风载荷，即风作用于电线上产生的横向作用力（国家电力公司东北电力设计院，2003）：

$$F_D = \left[\frac{\rho}{2}(K_h v \sin\theta)^2\right]\left[(d \times n + 2\delta) l_H\right]\alpha \mu_{sc} \beta_c \times 10^{-3}$$
$$= \frac{\rho}{2} V^2 S \alpha \mu_{sc} \beta_c \times 10^{-3}$$

式中：F_D 为垂直于电线轴线的水平风载荷（N）；v 为距离地面 10 m 处风速；V 为线路高度处垂直于线路走向的风速分量（m/s）；S 为两杆塔间风作用于导线（含覆冰）的横截面积（m^2/1000）；d 为导线直径（mm）；n 为一相导线的分裂数；δ 为覆冰厚度（mm）；l_H 为水平档距（m）；K_h 为风速高度变化系数，将 V 风速变换为基准高度处风，假如预报风速 v 高度为 h_1，线路高度为 h_2，则 $K_h = K_{h_2}/K_{h_1}$；θ 为线路高度处风速与线路的夹角；α 为电线风压不均匀系数（电线各点风速不均匀，不均匀性随档距和风速的增大而增大）；β_c 为 500 kV 线路电线作用于杆塔上的风载调整系数；μ_{sc} 为电线体型系数（受到的风压与物体体形、气流方位有关）。

绝缘子风载荷，即风作用于绝缘子上产生的横向作用力：

$$F_J = \left(\frac{\rho}{2} k_z v^2\right) S_A = \frac{\rho}{2} k_z v^2 n_1 n_2 A$$

式中：F_J 为绝缘子风载荷（N）；v 为距地面 10 m 高度处总风速（m/s）；S_A 为绝缘子串承受总风压面积（m^2）；n_1 为一相导线所用绝缘子串数（1 或 2，默认为 2，双绝缘子模型）；n_2 为每串绝缘子的片数，金具零件按 1 片绝缘子受风面积计算；A 为每片绝缘子受风面积，单裙绝缘子取 0.03 m^2，双裙绝缘子取 0.04 m^2；k_z 为风压高度变化系数，将 v^2 变换为基准高度处风速平方，假如预报风速 v 高度 h_1，绝缘子串高度 h_2，则：$k_z = (K_{h_2}/K_{h_1})^2$，只采用 330 kV 及以下杆塔、550 kV 杆塔两类。

导线重力载荷：

$$G_D = m_D \cdot g$$

式中：G_D 为导线重力载荷(N)；m_D 为相邻两杆塔间导线质量(kg)；g 为重力加速度(m/s^2)。

绝缘子重力载荷：

$$G_J = m_J \cdot g$$

式中：G_J 为绝缘子重力载荷(N)；m_J 为绝缘子串总质量(kg)。

金具＋重锤重力载荷：

$$G_C = m_C \cdot g$$

式中：G_C 为金具和重锤重力载荷(N)；m_C 为金具和重锤总质量(kg)。

绝缘子串实际最大风偏角 φ(王建，2016)：

$$\varphi = \eta \arctan\left(\frac{0.5F_J + F_D}{0.5G_J + G_D + G_C}\right)$$

式中：η 为脉动增大系数，取值 1.12～1.22，即实际最大风偏角较静力平衡时的风偏角增大系数(导线受风摆动的最高点较平衡点时增大比例)。以上为考虑水平风下的状态，以下为考虑非水平风时的状态(王伟，2017)：

$$\varphi = \eta \arctan\left[\frac{(0.5F_J + F_D)\cos\gamma}{(0.5G_J + G_D + G_C) - (0.5F_J + F_D)\sin\gamma}\right]$$

式中：γ 为风与水平面夹角。

5.3.1.3　最小实际空气间隙

受风影响时的最小实际空气间隙 d(王声学 等，2008)：

$$d = a - b\sin\varphi - c\cos\varphi$$

式中：a、b、c 为参数，分别受线路标压、杆塔形状、绝缘子位置影响；φ 为实际最大风偏角。

5.3.1.4　降雨校正

降雨会导致避免短路的最小空气间隙阈值变大(湿空气影响)，即降雨天气较晴天时，同电压下，安全空气间隙应更大才能保证不短路，基于降水对空气间隙阈值 L_{min} 的校正公式如下(吴雄，2019)：

$$L = \frac{1}{J} \times L_{min}$$

$$J = a \times b^w + c$$

式中：L 为降雨影响后的最小空气阈值；J 为修正系数；L_{min} 为原始设计的运行电压下设计的最小空气间隙阈值；a、b、c 为校正模型系数；w 为降雨强度(mm/min)。

5.3.1.5　风险等级

根据实际空气间隙与标准间隙间差距，设计风偏风险等级(表 5.2)。

表 5.2　风偏风险等级表

预警级别	阈值(ds＝实际间隙－标准间隙)	等级描述
蓝色(轻)	(0.03,0.1]	出现风偏灾害风险一般
黄色(中)	(－0.03,0.03]	出现风偏灾害风险较高
橙色(重)	(－0.1,－0.03]	出现风偏灾害风险高
红色(严重)	(－∞,－0.1]	出现风偏灾害风险极高

5.3.2 个例应用

2021 年 7 月 31 日邯郸地区出现 4 次电网风偏灾害，线路走向均为东西方向，故障时段集中在 16:11—17:45，故障区域集中在邯郸武安地区富润庄村和南城镇，周边地区雷达回波信号开始出现时刻为 14:06。

采用短临阵风预测模式和风偏风险计算模型进行预测，提前 1 h 预测已覆盖实际灾害点，落区精准且风偏预警等级准确(图 5.15、图 5.16)；提前 2 h 对 16:10 预测有漏报情况，对 17:10 出灾点之一预测精准，对另一灾害区域预测偏南 30～40 km 且落区较大，这可能与实际输电线路分布有关(图 5.17、图 5.18)；从提前 3 h 预测结果来看，其风偏预警事件发生、落区和时刻相对准确，对决策有很好的参考意义(图 5.19)。

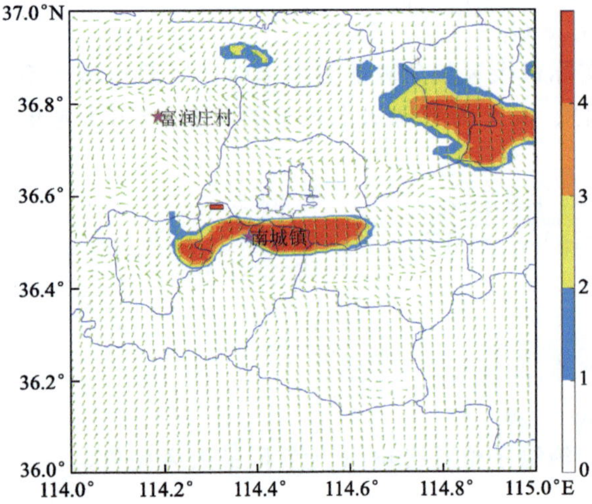

图 5.15　提前 1 h 风偏风险预测(16:10)

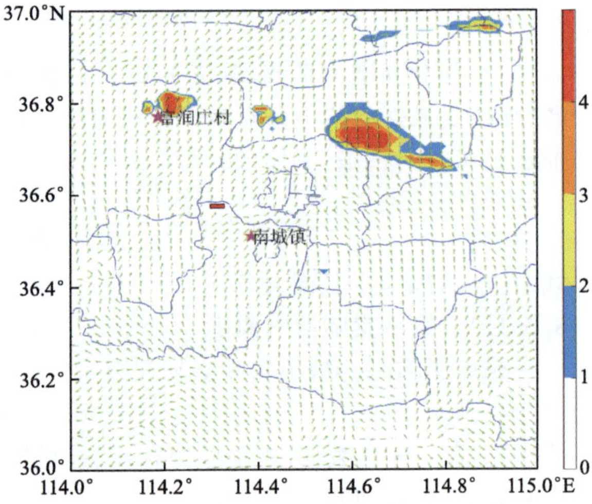

图 5.16　提前 1 h 风偏风险预测(17:10)

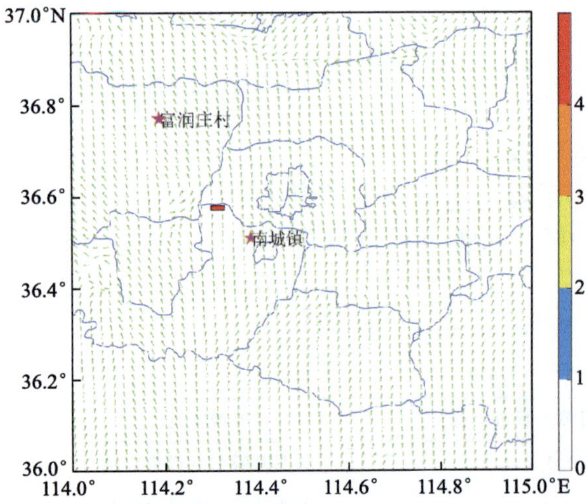

图 5.17　提前 2 h 风偏风险预测(16:10)

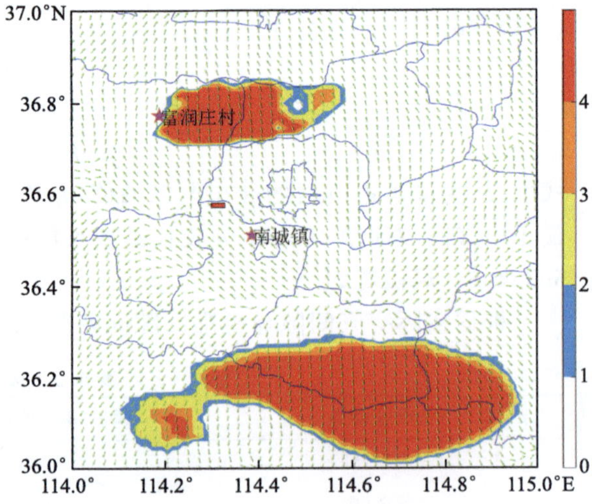

图 5.18　提前 2 h 风偏风险预测(17:10)

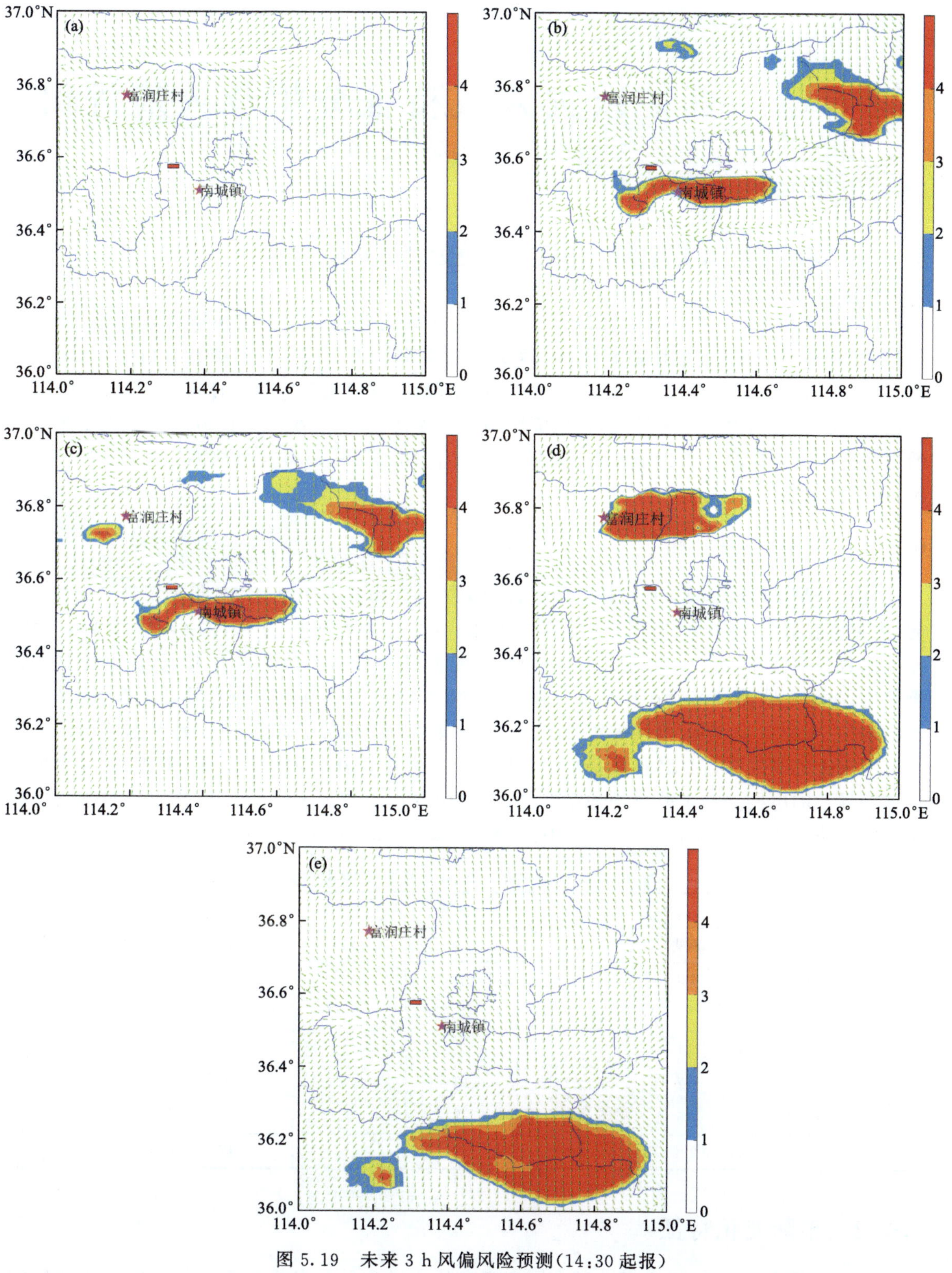

图 5.19　未来 3 h 风偏风险预测(14:30 起报)

(a)15:30;(b)16:10;(c)16:30;(d)17:10;(e)17:30

第 6 章　其他致灾天气特征分析及风险评价

6.1　气象灾害引发电网故障的时空分布特征

以河北某电网为例，2005—2017 年输电线路气象灾害事故资料收录事故 421 起，资料包括 220 kV 和 500 kV 输电线路的杆塔故障及灾害类型记录等。在资料统计分析时，记录为雷击、雷电的都统计为雷害，记录为冰闪、舞动、覆冰舞动、覆冰的都统计为冰害，资料故障原因为风偏、大风、飑线的都统计为风偏，当故障原因记录为污闪时，在统计时记为污闪。统计整理后的电网气象灾害事故主要包括雷害、冰害、风偏和污闪，另外，还有故障原因为鸟害、外力等记录，都计为其他。

6.1.1　灾害类型分布

表 6.1 是 2005—2017 河北某电网灾害分类统计。由表 6.1 可见，13 年来雷害共发生 295 起，占灾害总数的 70.1%，所占比例远高于其他灾种，冰害共发生 59 起，占 14.0%，风偏、污闪发生次数分别为 34 起、16 起，所占比例分别为 8.1%、3.8%，其他原因占 4.0%。电网灾害频繁发生，与输电线路杆塔所在地形及气象灾害发生频次有关。从地区分布特征上看，雷害分布极不均匀，张家口 13 年间电网灾害 137 起，其中雷害 76 起，居于首位，其次是承德、唐山，三者为电网灾害的高发区，而廊坊、秦皇岛电网灾害事故较少。从灾种频数上看，雷害占首位，张家口冰害导致的电网安全事故居该地第二位，而唐山受污闪和冰害两个灾种影响较大，承德、秦皇岛和廊坊除雷害外，其他电网灾害的影响较小，其中廊坊未发生冰害。

表 6.1　2005—2017 年河北某电网灾害统计

		灾害					合计
		雷害	风偏	冰害	污闪	其他	
地区	承德	120	1	7	0	3	131
	廊坊	11	2	0	0	1	14
	秦皇岛	11	1	1	0	0	13
	唐山	77	12	13	16	8	126
	张家口	76	18	38	0	5	137
合计		295	34	59	16	17	421

6.1.2　年际变化特征

图 6.1 是 2005—2017 年河北某电网灾害事故主要灾种年发生情况。气象灾害所致的安全事故年平均为 31 起，其中最少年出现在 2005 年，仅为 12 起，最多年为 2013 年，高达 57 起。

以灾种频次来看，雷害为造成电网安全事故的主要灾种，雷害最多年为 2013 年的 49 起，是最少年份 2009 年的 9.8 倍，其他几种电网灾害灾种出现频数均值在 5 起以下，年际波动不明显。从各灾种的年际变化情况看，雷害总体呈先升后降，其与电网灾害的变化曲线较为一致，二者的相关系数为 0.93。

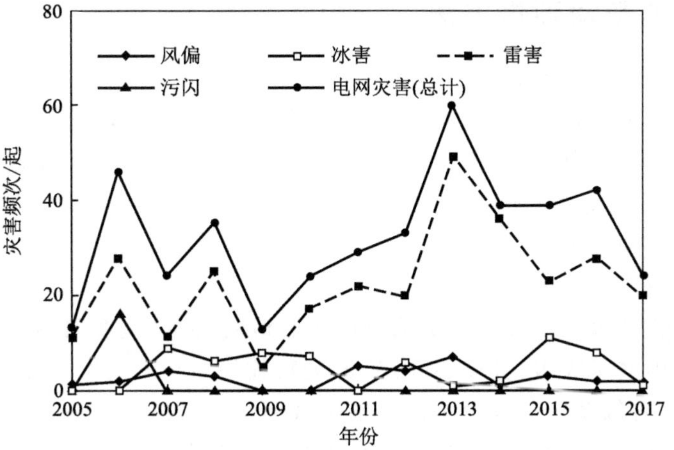

图 6.1　2005—2017 年河北某电网灾害事故及主要灾种发生频次

6.1.3　月际变化特征

图 6.2 是 2005—2017 年冀北电网灾害事故逐月分布情况。由图可见，电网灾害事故呈双峰分布特征。从主要灾种逐月发生情况可见，电网事故主要发生在 6—8 月，占全年电网灾害的 63.4%，7 月达到主峰值 95 起，雷害是出现最高峰值的主要灾种，呈单峰分布，峰值出现在 6 月，为 87 起，其与电网灾害变化曲线的相关系数高达 0.97。电网故事在 11 月出现次峰值(34 起)，主要灾种为冰害。电网风偏主要发生在夏季，占全年风灾的 76.5%。因 6—9 月为河北地区的主汛期，河北北部地区夏季受偏南季风气流影响，雷雨大风强对流天气频发，极易引发电网灾害。电网冰害主要在 10 月—次年 5 月；污闪主要发生在 2006 年 1 月，共 16 起。尽

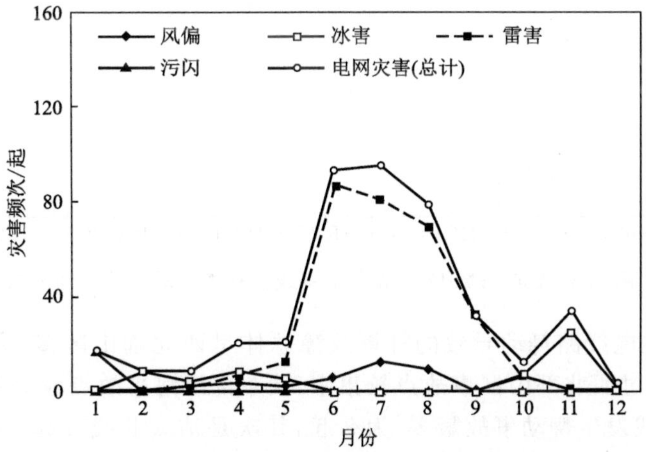

图 6.2　2005—2017 年冀北电网灾害事故逐月分布

管冰害、风偏等较雷害偏少，但持续时间较长、受灾面积较大，造成的社会经济损失严重。

6.2 气象灾害风险预报及风险区划技术

6.2.1 输电线路舞动预报方法

6.2.1.1 导线舞动的时空分布特征

以河北省冀北电网区域为例，包括张家口、承德、唐山、秦皇岛、廊坊和保定6个行政市，利用2007—2017年冀北电网输电线路舞动事故38起资料，资料来源于冀北电力科学研究院，包括220 kV和500 kV输电线路故障点经纬度、故障线路名称、灾害类型、发生时间等，分析导线舞动事件的时空分布特征。

(1)空间分布特征

输电线路发生舞动事故主要与杆塔结构、地形地貌特征、气象要素有关。事故线路涉及220 kV、500 kV两种电压等级，其中500 kV舞动频数是220 kV的1.86倍。根据冀北地区气候特点和地形特征，将舞动区域划分为西北部山区和东部沿海两部分(图6.3)，西北部山区包括沽源、丰宁、万全、涞源，东部沿海包括丰南、滦县、抚宁、曹妃甸、乐亭。

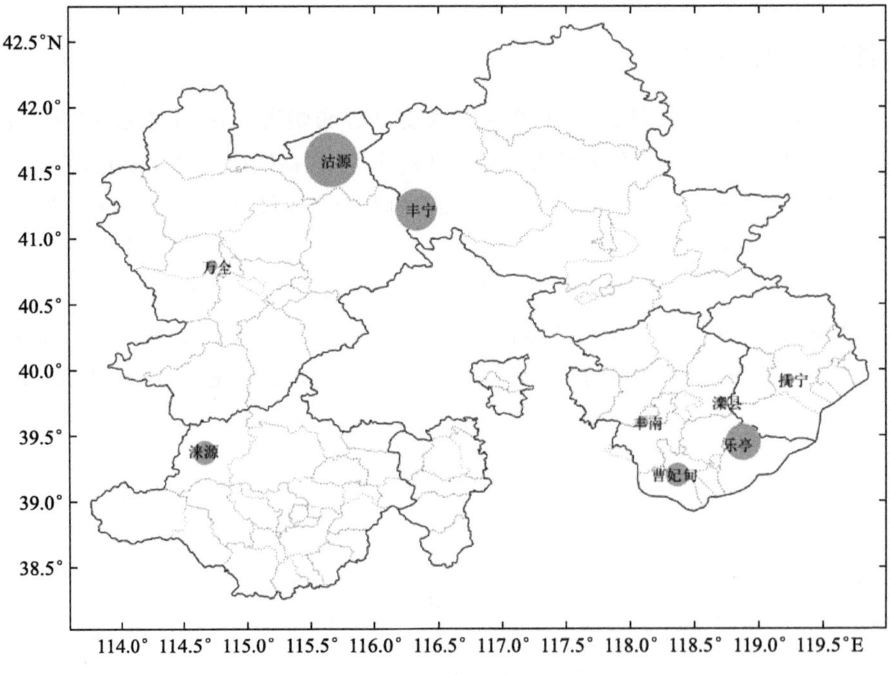

图6.3 2007—2017年冀北电网线路杆塔舞动事故空间分布

可见，10年来输电线路舞动导致的杆塔故障总体呈西北部山区多，为22起，东部沿海相对较少，为16起，不过西北部山区事故点较集中，而东部沿海事故点较分散。途经沽源、丰宁、赤城境内的沽太Ⅰ线发生舞动事故最多，为8起，其次是沽太Ⅱ线5起，两条输电线路均位于河北省西北部山区，下垫面条件复杂。

(2)时间分布特征

图 6.4 给出了 2007—2017 年冀北西北部山区和东部沿海输电线路舞动事故的年际变化，从图中可以看出，舞动引起多处杆塔和导线损毁。两地区年际变化差异较大，其中西北部山区舞动区域包括沽源、丰宁、涞源、万全，11 年来舞动事故 22 起，舞动起数呈波动变化且最多年为 2015 年(6 起)，图中趋势线是该地区输电线舞动事故一元线性回归方程，回归系数为 −0.0455 起/a，说明该地区输电线路舞动事故呈略减少趋势，但并不显著(图 6.4a)；东部沿海舞动区域包括滦县、丰南、乐亭、曹妃甸、抚宁，11 年来舞动事故呈“双峰型”分布，共计 16 起，逐年变化存在显著差异，其中 2016 年舞动事故发生最频繁，共 12 起，占该地区 11 年来舞动跳闸事故总数的 75%，舞动事故涉及丰南、抚宁、曹妃甸和乐亭四地，从一元线性回归方程可见，回归系数为 0.4909 起/a，说明输电线路舞动事故呈逐年增长趋势，且增长显著，通过了 0.05 的显著性检验(图 6.4b)。

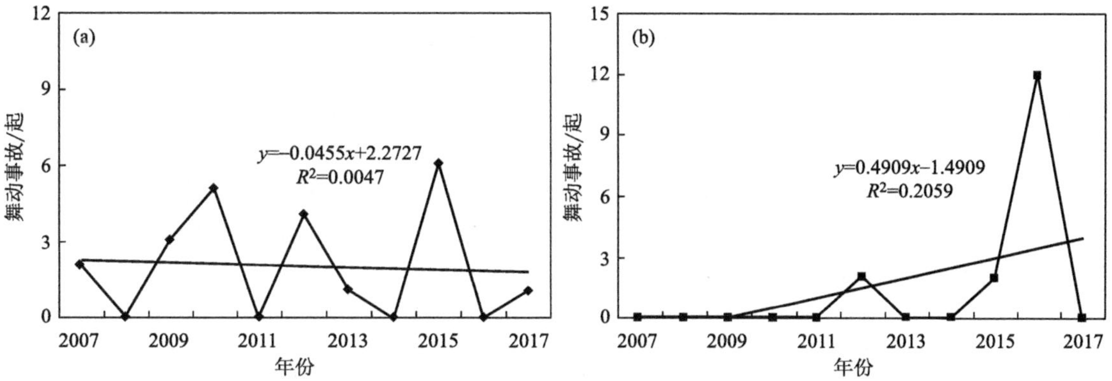

图 6.4　2007—2017 年冀北西北部山区(a)和东部沿海(b)输电线路舞动事故年际变化
(图中直线表示趋势线)

图 6.5 给出了 2007—2017 年冀北地区输电线路发生舞动事故月际分布情况。西北部山区输电线路舞动事故多发生在 4—5 月和 10—11 月，东部沿海地区舞动仅分布在 11—12 月。从发生月份来看，11 月发生舞动事故最多，为 18 起，占 10 年来舞动事故总数的 45%。大量研究表明，输电线覆冰舞动多伴随冰冻，冰冻天气主要受气温、相对湿度和风速的影响，其中 0 ℃左右最有利于冰冻现象发生。分别对山区及沿海两区域地面气象观测数据统计发现，西北部山区，4 月和 5 月事故发生日的日最低气温分别为 −2.1～2.5 ℃和 −0.5～0.7 ℃，日最大风速分别为 8.7～12.8 m/s 和 6.5～18.4 m/s，相对湿度分别为 61%～81%和 61%～86%，在上述气温范围内，降水落到低于冰点(0 ℃)导线上凝结成冰，在风速较大的层流风激励下，输电线易发生舞动；而东部沿海 11 月舞动事故发生日的平均日最低气温为 −3.1～1.1 ℃、日最大风速为 5.8～9.0 m/s、相对湿度为 73%～92%，0 ℃上下的气温易出现导线不均匀覆冰，沿海地势平坦开阔及渤海有稳定风持续作用，最终导致线路失稳引起舞动。而 4 月和 5 月平均日最低气温为 7.6～8.6 ℃和 14.1～15.0 ℃，虽然相对湿度和风速较大，但因沿海地区冬春交替时回暖快，无法出现电线覆冰，舞动发生概率非常低。

6.2.1.2　舞动对应地面气象条件分析

(1)地面气象条件

利用舞动故障杆塔附近的地面气象观测资料，统计舞动开始时的地面气象要素特征。

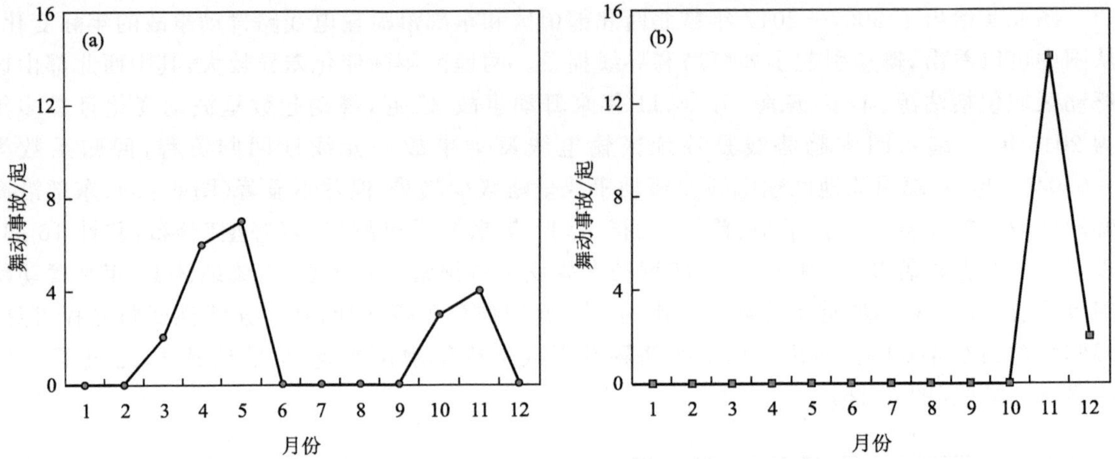

图 6.5　2007—2017 年冀北西北部山区(a)和东部沿海(b)输电线路舞动逐月分布情况

图 6.6 是冀北地区输电线路发生舞动事故时风速、气温和湿度的统计，可见，日最大风速为 6～11 m/s 时，舞动发生频率为 92%，发生频率的峰值(28.9%)出现在日最大风速为 8 m/s 时；日最低气温为−3～1 ℃时，舞动发生频率为 93%，发生频率的峰值(36.8%)出现在日最低气温为 1 ℃时；日平均相对湿度≥70%时，舞动发生频率大于 87%，发生频率的峰值(34.2%)出现在当日平均相对湿度为 80%时。

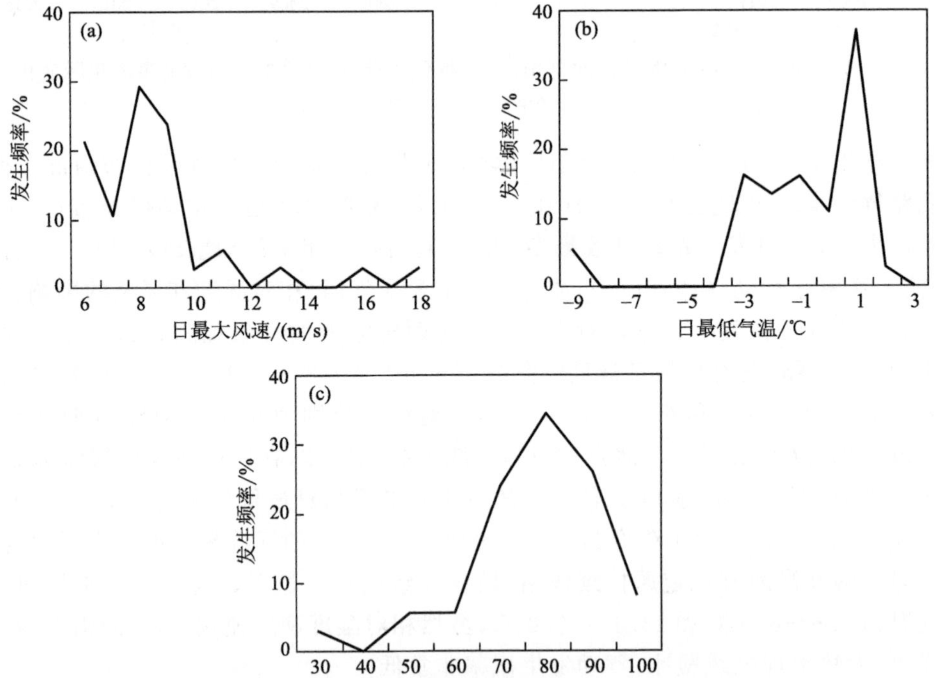

图 6.6　导线覆冰舞动时风速(a)、温度(b)、相对湿度(c)分布特征

根据黄浩辉等(2010)、顾光芹等(2012b)和宋伟等(2013)的研究，将日最大风速、日最低气温、降水状况、日平均相对湿度作为输电线路舞动判断指标，当达到某一阈值时，认为舞动可发生。

为分类研究不同地区输电线路舞动前地面气象要素随时间的变化趋势，选取 4 起影响范围大、危害规模广的具有代表性的典型舞动事件进行分析。以西北部山区沽源和东部沿海地区乐亭、曹妃甸、抚宁作为研究对象，途经沽源、抚宁的 2 条输电线路呈南北走向，途经乐亭和曹妃甸的 5 条输电线路多偏东西走向。图 6.7 为 4 起大规模典型导线覆冰舞动过程的地面风速、风向、气温、相对湿度的逐时特征变化。可见，舞动发生前，存在稳定风的激励作用，风向出现短时大幅度变化，风向与线路夹角大于 45°时导线易发生舞动，且夹角逐渐增大到 90°，输电线路舞动可能性增大；风速大幅增大至或保持在 6 m/s 以上；气温波动下降至阈值范围；相对湿度增大或在 70%以上波动变化。舞动发生前，风速、气温、相对湿度须同时到达一定的阈值范围，即风速≥6 m/s，温度为−3～1 ℃，相对湿度≥70%，不一定会出现大幅度上升或下降，可在阈值范围内增大、降低或保持不变。

(2)舞动事件对应天气现象分析

统计分析 2007—2017 年 38 起舞动开始时刻的天气现象(表 6.2)，发现舞动发生时一般伴随冻雨、雨夹雪、雨转雪、雪等天气。其中，舞动发生时伴随雨、冻雨天气最多，为 20 起，占全部舞动事故的 52.6%，仅伴随降雪天气最少，为 4 起，占全部舞动事故的 10.5%。可见，舞动开始发生时一般伴随冻雨天气。

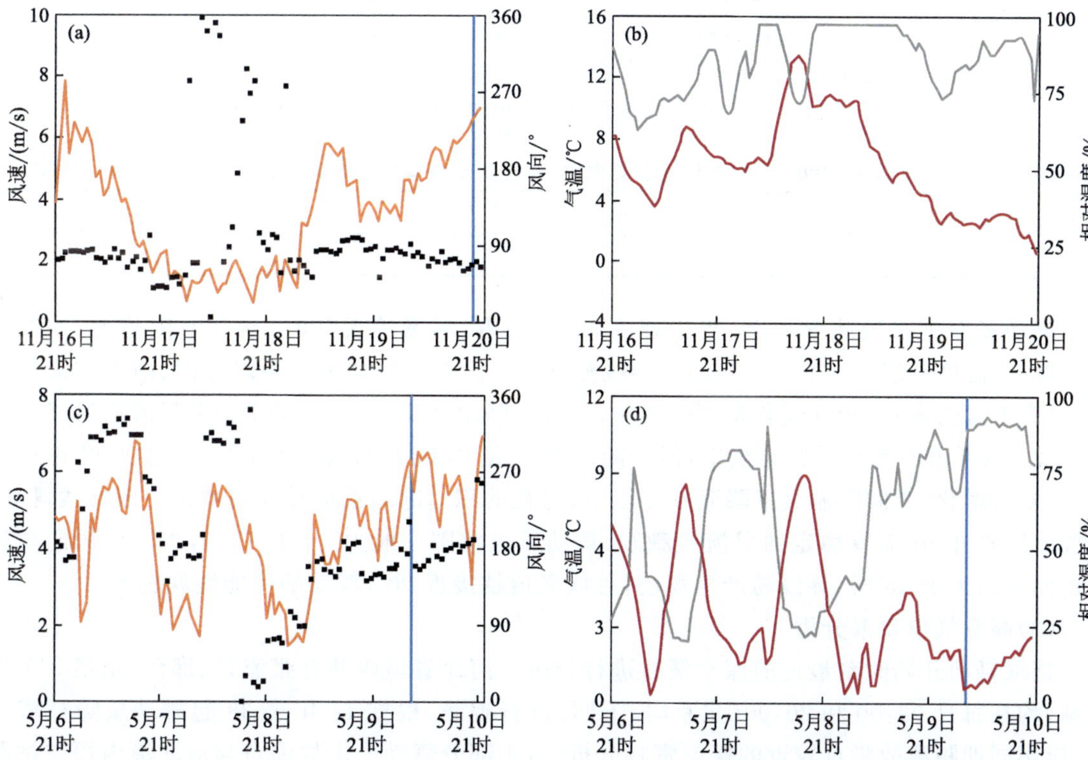

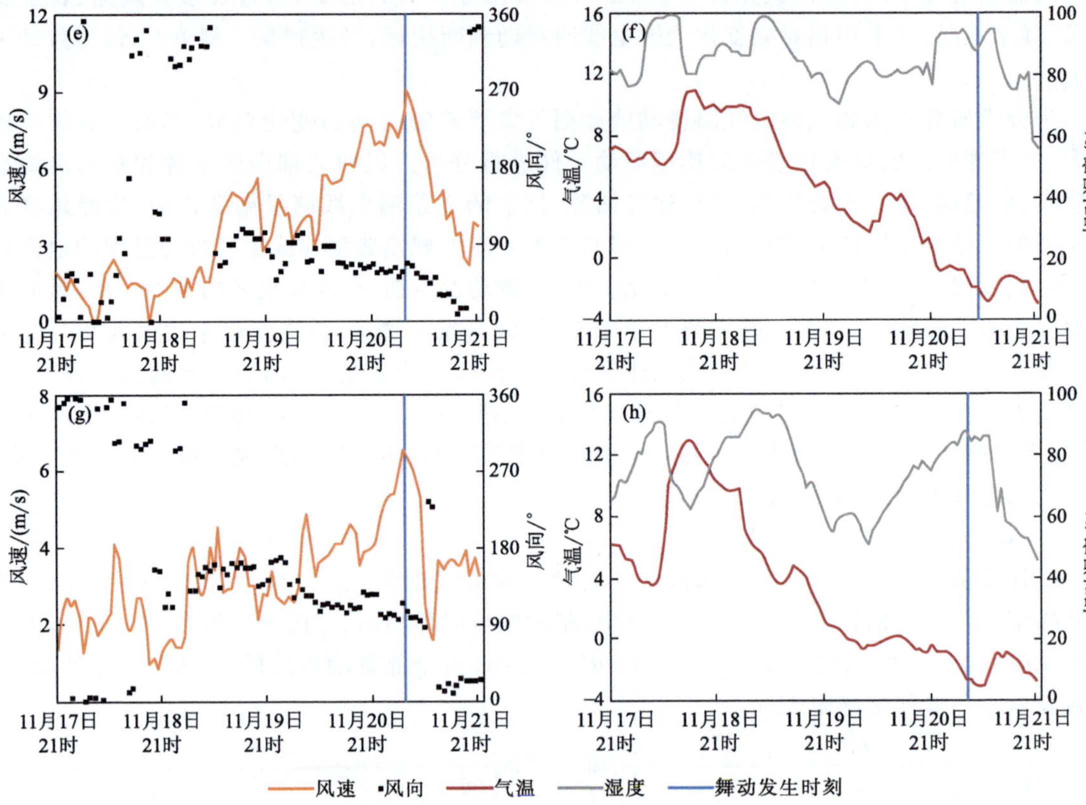

图 6.7 2016-11-20 乐亭(a,b)、2015-05-10 沽源(c,d)、2016-11-21 曹妃甸(e,f)、2016-11-21 抚宁(g,h)4 起舞动过程地面气象要素逐时变化情况

表 6.2 2007—2017 年河北某电网 38 起舞动灾害发生时天气现象统计 单位:起

雨、冻雨	雨夹雪、雨转雪	雪
20	14	4

舞动多发生在覆冰导线上,当出现冻雨、雨夹雪、雾凇等天气时,空气湿度较大,一般在70%以上,温度一般在−3~1 ℃,易于导线覆冰,不过 38 起舞动事故中以冻雨、雨夹雪天气为主,没有出现雨凇;当天气现象是雨转雪时,气温下降幅度比较大,如果是雨夹雪或雪时气温在−2~2 ℃;干雪不易凝结在导线上,但伴随前期降雪,导线有积雪,后期白天气温回升到 0 ℃以上,积雪融化,夜间气温又下降到 0 ℃以下,融化的积雪冻结造成导线覆冰。形成导线舞动,除覆冰因素外,还需有稳定的层流风激励,舞动风速范围一般为 6~11 m/s,当主导风向与导线走向夹角大于 45°时,导线易产生舞动,且该夹角越接近 90°,舞动的可能性就越大。

(3)高空气象要素分析

选取舞动开始时刻最近的探空资料进行分析。河北省境内共有张家口、邢台、乐亭 3 个探空站,均在每日 08:00 和 20:00(北京时,下同)进行观测,根据 11 年来 38 起舞动故障杆塔个例,应用同期距离故障点较近的探空资料分析,由于部分舞动个例故障点与河北境内探空站距离较远,探空站数据不能代表故障杆塔附近的高空条件。因此,在 11 年来 38 起导线舞动故障资料中选取 5 次典型的距探空站较近的大规模舞动个例,在各层等压面上进行高空气象要素分析，图 6.8 显示线路覆冰舞动发生时存在暖层和逆温层两种大气垂直结构。

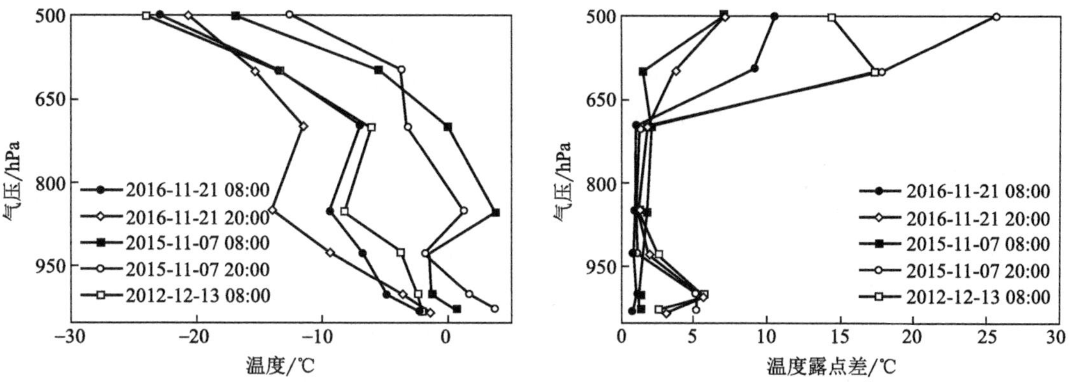

图 6.8　河北某电网 5 起输电线路舞动的探空温度和温度露点差廓线

在暖层舞动个例中，位于唐山滦县的一条线路出现 2 起输电线路舞动事故，由于北部的张家口站与舞动致杆塔故障点距离较远，选取距故障杆塔最近的乐亭站，分析输电线路发生舞动时的探空资料。可见，在舞动发生时，700～850 hPa 存在暖层，暖层中心气温为 0～3.8 ℃，且地面气温>0 ℃。在逆温层舞动个例中，根据 2016 年 11 月 20—21 日的 12 起舞动个例分析途经曹妃甸、丰南、乐亭、抚宁输电线路舞动开始时刻最近的乐亭站探空资料，得出在 700～850 hPa 存在逆温层。

在暖层或逆温层及以下，温度与露点温度的差值基本小于 2 ℃，空气中的水汽达到近似饱和及饱和状态，在中高层湿度相对较小。当中低层(700～850 hPa)存在暖层或逆温层，上层降落下来的固态粒子经该层吸收热量，融化成为液态水，再经过下面 0 ℃以下的冷冻层变为过冷却水滴或雨夹雪，降落碰到导线即成冰，易于发生导线舞动(姚蓉 等，2014；王丙兰 等，2017)。

6.2.1.3　舞动预测指标及应用检验

依据上述分析的气象要素特征，总结归纳出河北省冀北电网区域导线舞动事件对应的气象指标。

(1)舞动发生前

基于 2007—2017 年地面观测资料分析，风向与导线的夹角逐渐增大到 90°，容易发生输电线舞动；风速、温度、相对湿度需同时到达一定的阈值范围：风速为≥6 m/s，气温为−3～1 ℃，相对湿度≥70%，且不一定会出现大幅度上升或下降，可在阈值范围内增大、降低或保持不变，舞动才会发生。

(2)舞动发生时

舞动发生时，一般伴随冻雨、雨夹雪、雨转雪、雪等天气。其中舞动发生时伴随冻雨天气最多。700～850 hPa 存在暖层或逆温层。其中暖层中心气温为 0～3.8 ℃，且地面气温>0 ℃。在暖层和逆温层及以下，温度与露点温度的差值基本小于 2 ℃，空气中的水汽达到近似饱和及饱和状态，在中高层湿度相对较小。

根据上述指标，规定区域内同一日出现多处输电线路舞动事故，归结为受同一天气系统影响，称为一个输电线路舞动日(吴哲红 等，2013)，根据该规定，河北某电网共发生过 38 起舞动事故，14 个舞动日。利用该区域高空和地面气象资料对舞动气象模型进行回报检验(李军辉 等，2014)，11 年来共回报出 53 个舞动日，14 个舞动日中有 11 个舞动日成功被回报出，3 个舞动日漏报，漏报率为21.4%。其中，2个实际舞动日（2010年4月17日和2017年5月5日）由于不满足高空气象要素条件导致漏报，故障点均位于丰宁县，距离探空站较远，高空数据不能代表舞动事故附近的高空条件；1个回报舞动日比实际舞动日（2015年5月12日）提前1 d，这可能与舞动发生的必要条件之一导线覆冰形成过程有关，回报舞动日出现雨夹雪天气，在地面、高空气象条件有利情况下，导线覆冰形成但未达到一定厚度，回报日未发生舞动，随着覆冰厚度增长，次日发生了舞动事故。

同一舞动日因事故发生地点不同，利用预测模型对舞动日和该日舞动杆塔发生点的回报准确性也有很大差异，38起舞动事故中，26起被成功报出，1起事故回报发生时间比实际发生提前1 d，11起事故漏报，漏报率为28.9%，空报率为50.9%。根据回报检验结果发现空报率较大，分析原因有以下方面：一是冀北境内有张家口和乐亭两个探空站，舞动故障点与探空站距离较远，高空数据不能代表故障杆塔附近的高空条件，此外乐亭站2010年4月1日数据接入使用，仅2007—2010年共回报出21个舞动日，实际发生线路舞动事故5起，是导致输电线路舞动预测模型空报率较大的主要原因；二是输电线路在野外，气象观测站多位于县市或乡镇，微地形差异造成的局地小气候造成上述指标空报；三是分析空报情况当日天气现象，发现空报日均有结冰记录，因舞动发生与导线覆冰保持、厚度、重量以及截面形状存在关联（王文等，2010；尹宪志 等，2013），指标未将该因素考虑在内，导致空报；四是电力部门在舞动高发区段采取防舞措施，加装防舞动装置，提高了线路抗舞动能力，导致空报。

6.2.2 电网气象灾害风险区划方法

6.2.2.1 基于层次分析法的雷击风险区划

以冀北地区输电线路雷击风险区划为例，使用的资料包括：(1)河北省气象信息中心提供的1981—2015年国家级气象站日雷暴资料，每个站的雷暴日数是指35年的年平均雷暴日数；(2)河北某电网提供的2011—2015年输电线路雷击灾害信息；(3)人口和经济特征资料来自《河北统计年鉴2016》发布的2015年统计数据。3种数据资料的年限不同，主要基于以下考虑，气象站的雷暴日数资料采用1981—2015年的气候时间长度会使雷暴日数的统计更具有可靠性和代表性；输电线路的雷击灾害选用2011—2015年即近几年的灾害数据可以侧面反映当地的输电线路对于雷击的防护等级以及电网密度；人口和经济特征资料选用最近时次的统计，更能代表雷击事故发生后对社会经济和当地居民用电的影响。

层次法在本书4.3.1.2节已有介绍，本节不再赘述。

雷击灾害风险评估指标包括雷击灾害频度、雷暴日数、生命易损模数和经济易损模数4个指标。输电线路雷击灾害频度（P，单位：次/a）指各县（市、区）区域内平均每年发生输电线路雷击事件的次数；雷暴日数（M，单位：d/a）代表一个区域内雷暴活动频繁程度；生命易损模数（L，单位：人/km^2），表示区域内发生雷击灾害时单位面积上受危害的人口数量，其计算公式为$L=L_s/S$，L_s为各县（市、区）的人口总数，S为各县（市、区）的国土面积；经济易损模数（D，单位：万元/km^2）表示区域内发生雷击灾害时单位面积上的经济损失，其计算公式为$D=D_s/S$，D_s为各县（市、区）的GDP生产总值。

由4个评估指标，可以得到评价体系矩阵$\boldsymbol{Q}=[P\ M\ L\ D]$。通过层次分析法得到各项指标的权重矩阵$\boldsymbol{W}$，进而可以求出其综合风险$R=\boldsymbol{W}\times\boldsymbol{Q}$。通过比较各指标的相对重要性得到输电线路雷击风险评估判断矩阵（表6.3）。

表 6.3　冀北地区输电线路雷击风险评估判断矩阵

T	*B*1	*B*2	*B*3	*B*4
*B*1	1	2	3	5
*B*2	1/2	1	2	4
*B*3	1/3	1/2	1	3
*B*4	1/5	1/4	1/3	1

注：表中 *B*1 表示雷击灾害频度，*B*2 表示雷暴日数，*B*3 表示生命易损模数，*B*4 表示经济易损模数。

通过计算，可得到最大特征值 $\lambda=4.0468$，特征向量 $\boldsymbol{W}=[0.4731\ \ 0.2845\ \ 0.1696\ \ 0.0728]$，RI 由 Saaty(1980)给出的指标 4 阶为 0.9，得到 CR=0.017<0.1，可认为判断矩阵可行，即得到输电线路雷击综合风险评估模型 R：

$$R=0.4731P+0.2845M+0.1696L+0.0728D \tag{6.1}$$

为便于比较，按照灾害学统一量纲的通用方法，并结合冀北地区雷击灾害实情，对输电线路雷击风险评估指标采用均值一标准差法进行 4 级分类，即用极高、高、中和低 4 个级别描述。对各等级输电线路雷击风险评估指标赋值如下：极高为 1.0，高为 0.8，中为 0.5，低为 0.2(表 6.4)，再由式(6.1)计算，得到冀北各县(市、区)的输电线路雷击综合风险指标。

表 6.4　冀北地区输电线路雷击风险评估指标等级分类

评估指标	等级(赋值)			
	极高(1.0)	高(0.8)	中(0.5)	低(0.2)
雷暴日数/(d/a)	>40.09	(34.38,40.09]	(28.67,34.38]	<28.67
雷击灾害频度/(次/a)	>2.10	(0.82,2.10]	(0,0.82]	0
生命损失模数/(人/km^2)	>768.49	(400.28,768.49]	(32.06,400.28]	<32.06
经济损失模数/(万元/km^2)	>4268.77	(2084.49,4268.77]	(0,2084.49]	0

同样采取平均值一标准差分级法，将综合风险分为极高风险区(>0.72)、高风险区(0.58～0.72]、中风险区(0.44～0.58]、低风险区(≤0.44)4 个级别，得到冀北地区输电线路雷击风险区划结果(图 6.9)。可以看出，极高风险区有崇礼、丰宁、承德、青龙、迁安、遵化、迁西、丰润和香河。高风险区主要位于张家口中部和南部、承德北部和东部、唐山中部和廊坊中部，极高风险区和高风险区应为输电线路雷击风险重点防护地区。中风险区主要位于张家口北部和西部、承德中部和东南部、唐山东部、秦皇岛中部、廊坊北部和南部。低风险区主要位于玉田、曹妃甸、滦南、乐亭和永清。

综合分析各地雷击风险高低的原因可以发现，极高风险区和高风险区具有雷暴频发、经济相对较发达、人口密度大、电网线路密集且线路本身致灾率高、雷电防护等级较低的特点。中低风险区雷暴发生频率相对较低，可能是人口较少，输电线密度也较低的地区或者人口密度大且经济较发达的地区，输电线路的雷电防护等级较高。

在综合风险计算中，输电线路雷击灾害频数所占的比重为 0.4731，与占比为 0.2845 的雷暴日数同为主要影响因子。图 6.10 为 2012—2015 年冀北地区输电线路雷击灾害分布。可以看出，雷击灾害风险区划分布与雷击实际造成输电线路灾害分布大体一致，综合其他 3 个因子影响后，大部分地区的风险级别均有上升，雷击灾害风险区划中极高风险的地区包含了图 6.10 中的崇礼、迁西、青龙，其他地区的风险级别上下浮动不超过一个等级，说明雷击灾害风险区划对于输电线路的雷击灾害风险评估具有良好的代表性和可靠性。

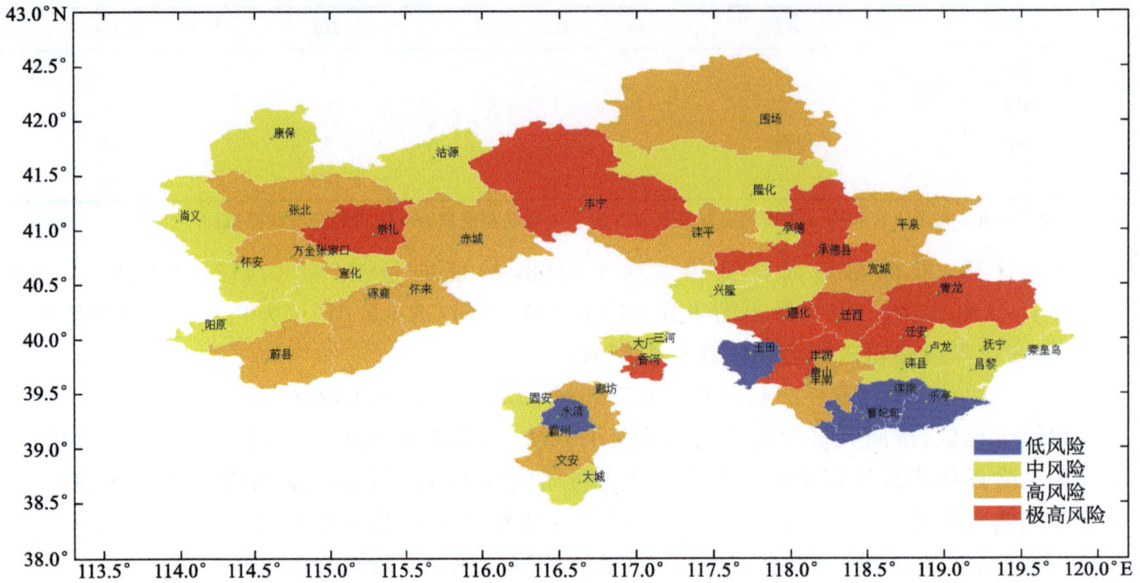

图 6.9 冀北地区输电线路雷击灾害风险区划

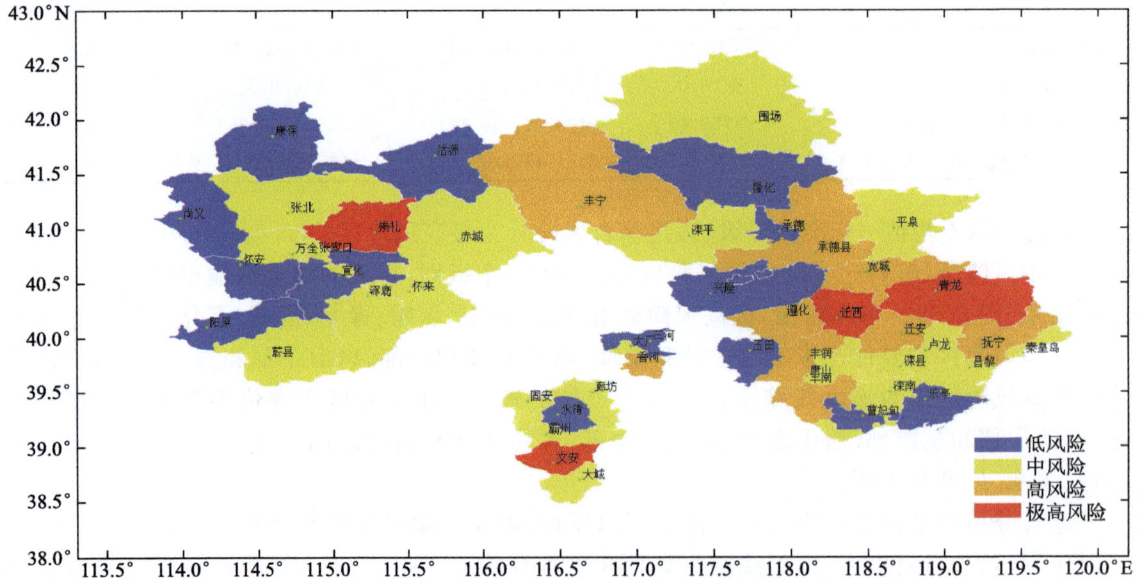

图 6.10 2012—2015 年冀北地区输电线路雷击灾害分布

6.2.2.2 基于气象灾害风险指数的风险评价方法

采用气象灾害风险指数方法，对河北某电网 220 kV 和 500 kV 输电线路发生气象灾害的 205 个输电线段进行气象灾害风险评价，其计算公式为

$$K_{\mathrm{I}}=\sum_{M-1}^{5}\frac{D}{N}H_{M} \tag{6.2}$$

式中：K_{I} 为输电线路的气象灾害风险指数；D 为输电线路每个分组的灾年频数；N 为 2005—

2017 年气象灾年总数；M 为输电线路气象灾害的年次数分组数，即分成 1～3、4～6、7～9、10～12 共计 4 组；H 为年次数每一分组的中值。根据气象灾害风险指数将输电线路分为高风险、中风险、低风险 3 个等级。

根据对输电线路风险指数的计算，结合输电线路杆塔经纬度，融合空间地理信息，得出输电线路气象灾害风险的空间分布(图 6.11)。可见，冀北地区输电线路高风险等级主要分布在张家口东部的赤城线段以及途经承德南部至唐山北部的承德县、遵化、丰润、迁西四县的线段，灾害风险评价指数为 1.08；承德西部、张家口北部的丰宁和沽源线段灾害风险评价指数为 0.93；途经唐山的丰南和曹妃甸两地区灾害风险评价指数为 0.85。

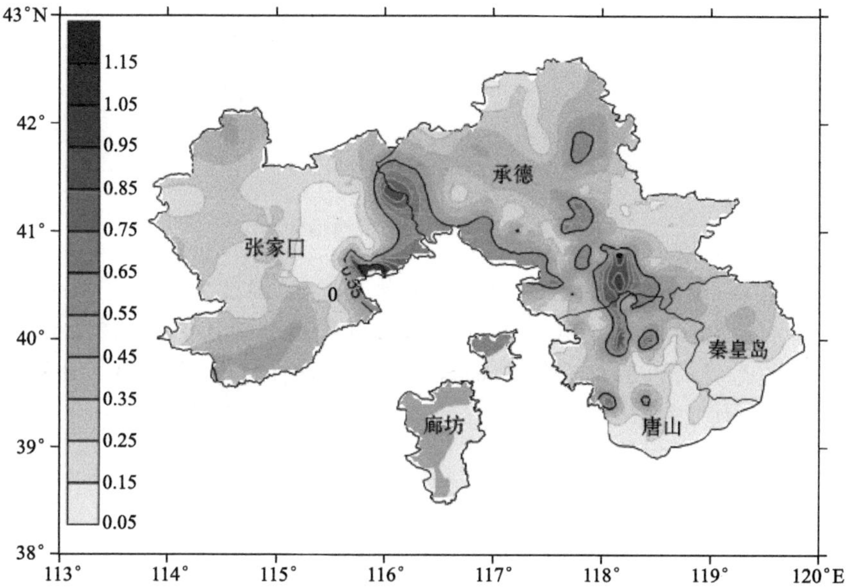

图 6.11　2005—2017 年冀北地区输电线路风险空间分布

冀北五地市输电线路低风险等级主要分布在张家口中东部、秦皇岛东南部和唐山南部等，灾害风险评价指数为 0.15 及以下。其余输电线路为中风险等级，灾害风险评价指数范围为 0.31～0.77。

图 6.12 为冀北五地市地形分布。可见，冀北地区地形复杂多变，输电线路中铁塔、线杆位置多分布于野外，受外界复杂环境影响造成的局地灾害性天气较多，致使影响输电线路气象灾害的成因不同。

对照 2005—2017 年冀北电网输电线路途经区域气象站数据分析发现，张家口东部的赤城地区位于蒙古高原向华北平原的过渡地带，境内多山地与平原交接，受地形影响，局地小气候特征显著，易出现瞬时大风和雷暴等局地强对流天气，年出现日最大风速≥8 m/s 的日数最高为 147 d，年雷暴日数平均为 46 d，该地为输电线路的高风险区，气象灾种为雷害和风偏两种，分别占 75.0%和 25.0%；承德南部与唐山北部的遵化、承德、丰润、迁西四县年平均相对湿度在 64%以上，途经上述四县的输电线路，下垫面受大黑汀水库和潘家口水库影响，相对湿度会更大(马占山，2010；廖顺宝，2014)，是冰害的高风险区；承德西部与张家口北部交界处的丰宁、沽源地区为典型的山区地形，易发生强对流天气，两地年雷暴日数平均为 43 d，该地区的输电

图 6.12 冀北五地市地形分布

线路为雷害高风险区；唐山的丰南和曹妃甸濒临渤海，空气湿度大，两地年平均相对湿度分别为 60.5%和 66.4%，污染性天气频发，两地年霾日数最高分别达 218 d、263 d，年大雾日数最高分别达 39 d、58 d，受周边工业污染、盐碱等影响，为污闪风险高发线段。分析输电线路灾害成因，可为今后的电力气象服务及灾害高发的输电线路段防御提供参考。

参考文献

白永清，陈正洪，王明欢，等，2011．基于 WRF 模式输出统计的逐时太阳总辐射预报初探[J]．大气科学学报，34(3)：363-369．

陈德花，刘铭，苏卫东，等，2010．BP 人工神经网络在 MM5 预报福建沿海大风中的释用[J]．暴雨灾害，29(3)：263-267．

陈正洪，李芬，成驰，等，2011．太阳能光伏发电预报技术原理及业务系统[M]．北京：气象出版社．

程兴宏，陶树旺，魏磊，等，2012．基于 WRF 模式和自适应偏最小二乘回归算法的风能预报试验研究[J]．高原气象，31(5)：1461-1468．

邓芳萍，康丽莉，姜瑜君，等，2017．基于常规气象资料的小时标准冰厚模型及验证[J]．应用气象学报，28(2)：142-156．

丁明，徐宁舟，2011．基于马尔可夫链的光伏发电系统输出功率短期预测方法[J]．电网技术，35(1)：152-157．

付桂琴，曹欣，2012．雷雨大风与河北电网灾害特征分析[J]．气象，38(3)：353-357．

顾光芹，田国强，周须文，2012a．河北省电线积冰的气候特征及一次电线积冰天气过程分析[J]．气象与环境科学，35(1)：8-13

顾光芹，周须文，史印山，2012b．河北省输电线路舞动特点及气象因素分析[J]．热带气象学报，28(6)：953-968．

国家电力公司东北电力设计院，2003．电力工程高压送电线路设计手册(第二版)[M]．北京：中国电力出版社．

何晓凤，周荣卫，申彦波，等，2015．基于 WRF 模式的太阳辐射预报初步试验研究[J]．高原气象，34(2)：463-469．

黄浩辉，宋丽莉，秦鹏，等，2010．粤北地区导线覆冰气象特征与标准厚度推算[J]．热带气象学报，26(1)：7-12．

黄鹤，王佳，刘爱霞，等，2015．TJ-WRF 逐时地面太阳辐照的预报订正[J]．高原气象，34(5)：1445-1451．

江滢，宋丽莉，程兴宏，2013．风电场风速预报集合订正方法的尝试性研究[J]．资源科学，35(3)：673-680．

李国，江晓东，2018．基于提升回归树与随机森林的风电功率集成预测方法[J]．电力系统及其自动化学报，30(11)：5．

李军辉，汪涛，朱宽军，等，2014．基于气象地理法的舞动分布图绘制方法[J]．电力建设，35(7)：97-103．

李练兵，高国强，吴伟强，等，2024．考虑特征重组与改进 Transformer 的风电功率短期日前预测方法[J]．电网技术(4)：1466-1476．

李泽椿，朱蓉，何晓凤，等，2007．风能资源评估技术方法研究[J]．气象学报，65(5)：708-709．

廖东进，刘晓龙，2016．基于 BP 神经网络的光伏电站辐照度预测研究[J]．太阳能(10)：44-49．

廖顺宝，杨旭，陈世强，2014．基于时空观测样本的水库库区小气候效应分析——以福建省大型水库为例[J]．福建师大学报(自然科学版)，30(5)：38-43．

罗森波，纪忠萍，马煜华，等，2007．2002—2004 年广东电力负荷的变化特征及预测[J]．热带气象学报，23(2)：153-161．

马占山，张强，秦琰琰，2010．三峡水库对区域气候影响的数值模拟分析[J]．长江流域资源与环境，19(9)：1044-1052．

孟天星，张厚升，2013．基于差分自回归滑动平均模型的风电场短期风速预测[J]．科学技术与工程，13(33)：

9813-9818.
戚双斌,王维庆,张新燕,2009. 基于支持向量机的风速与风功率预测方法研究[J]. 华东电力,37(9):1600-1603.
乔颖,鲁宗相,闵勇,2017. 提高风电功率预测精度的方法[J]. 电网技术,41(10):3261-3268.
曲巧娜,李栋梁,熊海星,等,2012. 冬季中东急流对中国西南地区覆冰形成的影响[J]. 大气科学,36(1):195-203
史彭珍,魏霞,张春梅,等,2024. 基于 VMD-BOA-LSSVM-AdaBoost 的短期风电功率预测[J]. 太阳能学报,45(1):226-233.
宋伟,卢明,张红梅,等,2013. 河南电网舞动区域划分及舞动分布图绘制研究[J]. 电力学报,28(5):366-369.
孙川永,2009. 风电场风电功率短期预报技术研究[D]. 兰州:兰州大学.
孙荣富,张涛,和青,等,2021. 风电功率预测关键技术及应用综述[J]. 高电压技术,47(4):1129-1143.
田淑慧,于惠钧,赵巧红,等,2018. 基于经验模态分解的 PSO-SVM 风电功率短期预测[J]. 湖南工业大学学报,32(3):59-64.
王丙兰,宋丽莉,袁春红,等,2017. 河南电网输电线路舞动的气象要素指标研究[J]. 气象,43(1):108-114.
王建,2016. 输电线路气象灾害风险分析与预警方法研究[D]. 重庆:重庆大学.
王建平,蔡宗亮,朱程辉,等,2015. 基于等效过程小波神经网络的太阳逐日辐射能量实时在线预测模型[J]. 太阳能学报,36(1):196-201.
王明欢,赖安伟,陈正洪,等,2012. WRF 模式模拟的地表短波辐射与实况对比分析[J]. 气象,38(5):585-592.
王声学,吴广宁,范建斌,等,2008. 500 kV 输电线路悬垂绝缘子串风偏闪络的研究[J]. 电网技术,32(9):65-69.
王伟,2017. 强对流天气下输电线路风偏放电与雷击跳闸风险预警方法研究[D]. 重庆:重庆大学.
王文,蔡晓军,2010. 二郎山电线覆冰厚度序列的重建[J]. 干旱气象,28(1):26-29.
吴焕波,石岚,2019. 基于 WRF-SOLRA 数值模式的太阳总辐射预报性能分析[J]. 内蒙古大学学报(自然科学版),50(2):154-161.
吴息,黄林宏,周海,等,2014. 风电场风速数值预报的动态修订方法的探讨[J]. 大气科学学报,37(5):665-670.
吴雄,2019. 特高压输电线路风偏特性和风险评估研究[D]. 武汉:华中科技大学.
吴哲红,陈贞宏,白慧,2013. 2011 年与 2008 年贵州低温雨雪冰冻天气锋区特征对比[J]. 干旱气象,31(4):763-770.
武辉芹,张金满,曲晓黎,2013. 河北省南部电网夏季电力负荷特征及与气象因子的关系[J]. 气象科技,41(5):945-948,964.
武辉芹,张金满,赵增保,2017. 河北省输电线路冰害的气象要素时空分布特征[J]. 干旱气象,35(6):991-997.
杨挺,赵黎媛,王成山,2019. 人工智能在电力系统及综合能源系统中的应用综述[J]. 电力系统自动化,43(1):2-14.
姚蓉,黎祖贤,许霖,等,2014. 湖南冻雨预报关键技术指标及应用[J]. 干旱气象,32(3):366-372.
叶成志,吴贤云,黄小玉,2009. 湖南省历史罕见的一次低温雨雪冰冻灾害天气分析[J]. 气象学报,67(3):488-500.
尹宪志,任余龙,杨子和,等,2013,华家岭 2008 年电线积冰的变化特征与气象条件分析[J]. 干旱气象,31(3):530-534.
赵攀,戴义平,夏俊荣,等,2011. 卡尔曼滤波修正的风电场短期功率预测模型[J]. 西安交通大学学报,45(5):47-51.
赵增保,杨琳晗,张金满,2017. 基于改进自回归模型的风电场短期风速预报[J]. 科技风(14):139-140.
中国电力企业联合会,2010. 110 kV～750 kV 架空输电线路设计规范[M]. 北京:人民出版社.

钟志峰,张艺,张田田,等,2017. 一种简单的短时辐照度预测研究[J]. 计算机测量与控制,25(7):181-185.

周象贤,刘黎,王少华,等,2021. 浙江电网自然灾害特征、趋势与预测技术概况[J]. 浙江电力,40(5):20-29.

周悦,2012. 电线积冰形成机理研究:观测和模拟[D]. 南京:南京信息工程大学.

ADMIRAT P,MACCAGNAN M,GONCOURT B D,1988. Influence of Joule effect and of climatic conditions on liquid water content of snow accreted on conductors[C]//Proc. 4th International Workshop on Atmospheric Icing of Structures:367-371.

ALEXIADIS M C,DOKOPOULOS P S,SAHSAMSNOGLOU H S,et al,1998. Short term forecasting of wind speed and related electrical power[J]. Solar Energy,63(1):61-68.

DELLE M L,NIPEN T,LIU Y,et al,2011. Kalman filter and analog schemes to post-process numerical weather predictions[J]. Mon Wea Rev,139:3554 - 3570.

DENG X,TANG Z A,2011. Moving Surface Spline Interpolation Based on Green's Function[J]. Mathematical Geosciences,43(6):663-680.

DEVABHAKTUNI V,ALAM M,DEPURU SSSR,et al,2013. Solar energy:Trends and enabling technologies [J]. Renewable and Sustainable Energy Reviews,19:555-564.

ERDEM E,SHI J,2011. ARMA based approaches for forecasting the tuple of wind speed and direction[J]. Applied Energy,88(4):1405-1414.

ERNST B,OAKLEAF B,AHLSTROM M L,et al,2007. Predicting the wind[J]. IEEE Power and Energy Magazine,5(6):78-89.

FARZANEH M, SAVADJIEV K, 2005. Statistical analysis of field data for precipitation icing accretion on overhead power lines. IEEE T Power Delivery,20(2):1080-1087.

FINSTAD K J,LOZOWSKI E,GATESE M,et al,1988. A computational investigation of water droplet trajectories[J]. Journal Atmospheric & Oceanic Technology,5(1):160-170.

HAUPT S E,KOSOVIC B,2017. VARIABLE Generation power forecasting as a big data problem[J]. IEEE Transactions on Sustainable Energy,8(2):725-732.

KUDO M,NOZAKI Y,ENDO H,et al,2009. Forecasting electric power generation in a photovoltaic power system for an energy network[J]. Electrical Engineerring in Japan,167(4):16-23.

LORENZ E,HURKA J,HEINEMANN D,et al,2009. Irradiance forecasting for the power prediction of grid connected photovoltaic system[J]. IEEE Journal of Selected Topics in Applied Earth Observations and Remote Sensing,2(1):2-10.

PLUMB R A,1985. On the three-dimensional propagation of stationary waves[J]. Journal of the Atmospheric Sciences,42(3):217-229.

PRESS W H,et al,1992. Numerical Recipes in FORTRAN(the art of scientific computing)[M]. Cambridge: Cambridge University Press.

SAATY T L,1980. The Analytical Hierarchy Process [M]. New York:Mcgraw-Hill.

ZHAO J,GUO Y,XIAO X,et al,2017. Multi-step wind speed and power forecasts based on a WRF simulation and an optimized association method[J]. APPLIED ENERGY,197:183-202.

